渤海湾盆地渤中凹陷
深层油气差异富集机制

牛成民　王德英　王飞龙　张新涛　于海波　代黎明　著

石油工业出版社

内 容 提 要

渤中凹陷是渤海湾盆地深部油气勘探最现实有利区。本书基于渤中凹陷深层油气勘探现状与区域地质概况，系统分析与总结渤中凹陷烃源岩特征、成烃机理与资源潜力、油气藏的流体相态、流体动力与输导体系、油气运移和成藏特征，明确了渤中凹陷油气差异富集主控因素。

本书可供从事石油与天然气勘探的科研工作者和技术管理人员以及高等院校相关专业师生参考。

图书在版编目（CIP）数据

渤海湾盆地渤中凹陷深层油气差异富集机制／牛成民等著 . —北京：石油工业出版社，2021. 6
ISBN 978-7-5183-4660-8

Ⅰ . ①渤… Ⅱ . ①牛… Ⅲ . ①渤海湾盆地-拗陷-油气聚集-研究 Ⅳ . ①P618.130.2

中国版本图书馆 CIP 数据核字（2021）第 111055 号

出版发行：石油工业出版社
　　　　（北京安定门外安华里 2 区 1 号楼　　100011）
　　　　网　　址：www. petropub. com
　　　　编辑部：（010）64523708
　　　　图书营销中心：（010）64523633
经　　销：全国新华书店
印　　刷：北京中石油彩色印刷有限责任公司

2021 年 6 月第 1 版　　2021 年 6 月第 1 次印刷
787×1092 毫米　开本：1/16　印张：12.75
字数：300 千字

定价：140.00 元
（如出现印装质量问题，我社图书营销中心负责调换）

前　　言

　　深层油气逐渐成为新增探明储量的主力，是中国乃至全球最现实的油气资源接替领域。渤海湾含油气盆地被誉为中国两大超级盆地之一，但深层勘探程度依然很低，剩余可供勘探面积大、资源潜力大。渤中凹陷是深部油气勘探最现实有利区，但深部规模性油气藏，特别是大气田的成藏规律与差异富集机制尚不明确，严重制约深层油气勘探进程。为了在渤中凹陷深层中寻找大气田，本书基于渤中凹陷深层勘探现状与区域地质概况，结合国内外深层勘探实例，系统分析与总结渤中凹陷烃源岩特征、成烃机理与资源潜力、油气藏的流体相态、流体动力与输导体系、油气运移和成藏特征，明确了渤中凹陷油气差异富集主控因素。全书包含的主要内容如下：

　　（1）渤中凹陷烃源岩特征、成烃机理与资源潜力。渤中凹陷烃源岩现今热演化程度较高。生烃研究表明，凹陷中心烃源岩普遍处于生气阶段，凹陷周缘构造高部位烃源岩则多处于生油阶段；现今沙三段和沙一段+沙二段是良好的天然气烃源岩，东三段和东二下亚段则多处于生油高峰期。针对渤中凹陷各烃源岩在不同次洼的非均质性和差异性，确定了相应的生烃活化能和原油裂解率等为代表的生烃动力学模型，重新评价渤中凹陷资源潜力，其中石油地质资源量约为 $15.1×10^8t$，天然气地质资源量约为 $1.9×10^{12}m^3$。

　　（2）渤中凹陷深层油气藏流体相态。渤中凹陷深层油气相态多样，其受烃类组分、温压体系等多种因素影响。基于地层流体高温高压物性特征和数值模拟手段，运用相图判识法和多种经验统计法对渤中 19-6 等油气藏的相态类型进行了综合判识，揭示了渤中 19-6 凝析气藏的油气成藏过程，认为与新近纪以来埋深增温引起的逆蒸发、深部幔源无机 CO_2 充注和晚期天然气气侵等因素的综合作用有关。

　　（3）渤中凹陷流体动力与输导体系。渤中凹陷输导体系由断层、裂缝、不整合面与高渗透率砂岩体共同组成。新构造运动期间断裂的活化和再发育，为深层流体提供优势运移通道。前古近系潜山类油气藏流体动力与有效不整合输导区域的良好匹配关系，是油气运移成藏的先决条件。渤中凹陷流体动力演化整体呈自古至今油（气）势逐渐增大趋势，沙河街组等地层在距今 5.3Ma 流体势梯度最大，流体运移的动力较强。

　　（4）渤中凹陷油气运移和成藏特征。渤中地区油气充注整体呈早油晚气的特征。流体包裹体研究显示东营组和沙河街组主要存在两期油气充注；太古宇则至少存在一期油气充注，并与东营组和沙河街组的第二期油气充注相对应。早期原油充注因所处构造位置的差异，其时间也略有差异，凹陷西南部深层早期原油充注发生在距今 9.5Ma，而北洼深层原油最早充注发生在距今 8.5Ma。晚期天然气充注时间较为一致，发生在距今 5.3Ma 至今。

　　（5）渤中凹陷油气成藏模式及差异富集主控因素。渤中凹陷西南、东北成藏差异明显。西部、南部深层呈"早油晚气"特点，9.5—5.3Ma 流体动力逐渐增强，易发生大规模侧向运移；距今 5.3Ma 以来，流体动力逐渐趋于稳定，有利于油气的聚集和保存。流体动力与有效不整合输导区域的良好匹配关系，是深层油气运移成藏的先决条件。伴随大量天然气的生成，对早期油藏形成气侵，使深层转变为凝析气藏，石油则多沿断层向上运移至浅层成藏。东部、北部以晚期原油充注为主，距今 5.3Ma 以来流体动力逐渐增强，沿断裂、不整合运移的油气可在构造凸起、斜坡处聚集成藏，后期保存取决于断层启闭性与盖层封闭性的对应和匹配关系。

本书由牛成民提出构思，牛成民、王德英、王飞龙、张新涛、于海波、代黎明等撰写，其中前言由牛成民、王德英执笔，第一章由王德英执笔，第二章由王飞龙执笔，第三章由张新涛执笔，第四章由于海波执笔，第五章由代黎明执笔，第六章由陈容涛、汤国民、王广源、燕歌等执笔；于倩、崔普媛等参加了基础数据整理、统计、图件清绘、书稿校对等工作。同时，本书的撰写还得到了中海石油（中国）有限公司天津分公司、西北大学等单位领导与专家的支持与帮助，在此一并向他们表示衷心的感谢。

受著者水平和研究深度的限制，书中难免存在一些不足之处，敬请读者批评指正！

目 录

第一章　绪　论

随着全球油气消费量的增长、油气勘探开发理论和钻探技术的进步，世界油气勘探向深水、深层和非常规方向转变，深层油气资源逐渐成为新增探明储量的主力。历经多年的勘探实践，中国的深层油气勘探也取得了长足的发展，在塔里木盆地、四川盆地和渤海湾盆地等都有所突破。渤海湾盆地是世界富油盆地之一，其探明地质储量、剩余资源量和年产量均达国内三分之一以上（谢玉洪等，2018）。历经 60 余年的油气勘探，截至 2017 年底，渤海湾盆地已发现油气田 139 个，探明天然气地质储量 $3600×10^8m^3$（徐长贵等，2019）。渤海油气勘探目前以中、浅层为主，储量规模占 96% 以上，但是中、浅层圈闭面积和井控储量越来越小，勘探难度逐步增大。50 余年的勘探实践表明深层勘探程度依然很低，剩余可供勘探面积大、资源潜力大、油品性质好。因此开展深层油气勘探是渤海油田的必然趋势。

渤中凹陷位于渤海海域中部，是渤海湾盆地中面积最大、厚度最大的二级构造单元和含油气盆地（谢玉洪等，2018）。渐新世以来，渤中凹陷就处于渤海湾盆地的沉积沉降中心，是渤海湾盆地埋深最大的生烃凹陷，烃源岩演化程度最高，也是最有可能形成大气区的凹陷，由于其处于海域，勘探程度相对较低，近些年不断有新的油气发现。渤中凹陷具有多洼陷成烃、多层系成储、多期充注、混源成藏和油气相态多样等特点，纵向上发育多套储盖组合，区域发育的巨厚东营组泥岩盖层尤其有利于深部潜山油气的成藏与保存。目前，钻探成果揭示凹陷深层自下而上发育四套烃源岩——沙三段（E_2s_3）、沙一段+沙二段（E_3s_{1+2}）、东三段（E_3d_3）和东二下亚段（$E_3d_2^L$），以中深湖相泥岩为主，优质烃源岩主要分布在半深湖—深湖相沉积的沙三段、沙一段+沙二段和东三段。干酪根类型以 II_1 型为主，具有巨大的油气资源潜力。

渤中凹陷是现实的深层有利勘探区，其深层资源规模大，中深层圈闭面积大，是成藏有利区，也是下阶段主要的勘探领域。2009 年至今以中深层古近系为主的油气勘探取得了重要进展，在环渤中地区发现了秦皇岛 35-2、秦皇岛 36-3、渤中 2-1、渤中 35-2、秦皇岛 29-2/2 东等一批大中型轻质油气田或含油构造，特别是近年深层勘探获得了渤中 21/22 气田（周心怀等，2017）、渤中 19-6 千亿立方米大气田的重大发现，看到了渤中凹陷深层勘探的曙光，展示了良好的勘探前景。

然而，渤中凹陷探明率远低于周边凹陷，深层剩余资源潜力大，尤其是成烃机理不明、天然气资源规模不清，难以满足现阶段油气勘探需求；同时，深层温度高、压力大，普遍发育过剩压力，对成烃、成藏的影响尚不明确，都制约了深层油气勘探的进展。因此，有必要针对渤中凹陷次洼烃源岩差异分布、烃源岩热演化机制、成烃机理、含油气系统和资源潜力等进行深入研究，摸索出适用于该区深层成烃成藏研究的技术流程，为渤中深层勘探提供指导，这对渤中凹陷及整个渤海油田油气勘探的持续发现具有重大意义。

第一节 国内外深层成藏研究现状

一、深层概念与研究现状

1. 深层的概念

所谓深层，目前尚没有严格、统一的定义，基本都是以深度标定的。2005 年，《石油天然气储量计算规范》（DZ/T 0217—2005）将埋深 3500~4500m 定义为深层，大于 4500m 定义为超深层。赵文智等（2014）基于中国东、西部盆地地温场差异及油气勘探实践，将东、西部含油气盆地深层概念区别对待，对应深度分别为 3500~4500m 和 4500~5500m，超深层分别对应大于 4500m 和大于 5500m。张光亚等（2015）同样认为中国东部地区深层界限存在区别，东部深层和超深层界限与赵文智等的划分方案一致，但西部界限更深，以埋深 4500~6000m 为深层，大于 6000m 为超深层。目前国际上普遍将深层油气藏的埋深界定在 15000ft（约 4572m）以深。截至 2010 年底全球发现的 1186 个含油气盆地中的 171 个盆地的油气藏深度超过 4500m，其中 29 个盆地的油气藏深度超过 6000m，共发现深层（4500~6000m）油气藏 1290 个，超深层（大于 6000m）油气藏 187 个。

2. 深层研究现状

深层油气的勘探可追溯至 20 世纪 50 年代。1956 年在美国阿纳达科盆地 Carter-Knox 气田中奥陶统 Simpson 群（埋深 4663m）碳酸盐岩地层发现了世界第一个深层气藏，标志着油气勘探向深层迈进。目前，埋深大于 4500m 的深层已成为全球油气增储上产的重要领域，深层油气勘探在墨西哥湾、巴西东部、西非等深水和超深水区均有突破。

中国深层油气藏的勘探始于 20 世纪 70 年代末的渤海湾盆地，深层油气资源在碎屑岩、碳酸盐岩、火山岩和变质岩领域均有分布，以生气为主，目前已在塔里木盆地、鄂尔多斯盆地、四川盆地、渤海湾盆地等均有较大突破。渤海湾盆地于 1977 年已开始进行深层油气藏的勘探，渤中 28-1、锦州 25-1/S、蓬莱 9-1 等一系列古潜山圈闭已获得油气发现，2011—2014 年渤中凹陷渤中 21/22 构造先后钻探科学探索井 A_1 井和 A_2 井，钻遇古生界奥陶系碳酸盐岩古潜山，发现天然气规模储量约 $500×10^8 m^3$。该气藏的发现成为渤中凹陷深埋古潜山天然气勘探领域的重大突破。凹陷主力烃源岩为沙河街组和东营组，部分有来自黄河口凹陷沙河街组优质烃源岩的贡献；渤中 21/22 构造深埋古潜山井底深度达到 5141m，温度达到 180℃，是目前渤海海域发现深度最大、温度最高的天然气藏，天然气成分比较复杂，既有烃类气体，又有 CO_2、N_2 和 H_2S 等非烃类气体；构造主体区出露古生界下—中奥陶统碳酸盐岩，东北缘向渤中凹陷主体延伸堆积了 0~2000m 厚的中生界火成岩；深埋碳酸盐岩古潜山形成了一套风化壳岩溶储集体，储层物性较好；成藏要素匹配关系好，天然气具有明显的晚期持续充注成藏特征。

在深层（含超深层）油气领域，近年来世界范围内越来越多的发现展现出了很好的资源勘探潜力，逐步揭示了深层油气独特的成烃、成藏特征，也推动了深层油气地质理论的向前发展。尽管目前世界深层油气地质理论与勘探实践已经取得了诸多重要进展，但依然面临着许多挑战，深层油气勘探在研究方法、研究手段以及施工工艺上还存在着很大的提升空间。贾承造和庞雄奇对深层油气勘探进行了梳理和总结，认为深层油气勘探在以下方面还大有可为：大油气区深层构造与地球深层作用过程；深层构造对深层—超深层油气的控制；深层热场与流体场对油气藏形成与分布的控制与影响；含油气盆地深层构造过程与温压场演化历史的研究；深层介质条件和温压环境下油气成藏条件的差异性和独特性；含油气盆地深层储油气层形成演化的成藏动力学研究；含油气盆地深层油气地球化学与油气资源评价研究；高温高压条件下油气生成机制、烃类相态特征与油气资源潜力研究；深层油气藏形成、演化与分布规律等。

二、国内外勘探实例分析

目前，全球有 80 多个盆地和油区在 4000m 以深的层系中发现了 2300 多个油气藏，共发现 30 多个深层大油气田（大油田：可采储量大于 $6850 \times 10^4 t$；大气田：可采储量大于 $850 \times 10^8 m^3$）。中国陆上油气勘探不断向深层—超深层拓展，进入 21 世纪，深层勘探获得一系列重大突破：在塔里木发现轮南—塔河、塔中等海相碳酸盐岩大油气区及大北、克深等陆相碎屑岩大气田；在四川发现普光、龙岗、高石梯等碳酸盐岩大气田；在鄂尔多斯、渤海湾与松辽盆地的碳酸盐岩、火山岩和碎屑岩领域也获得重大发现。选取国内外典型深层勘探实例作分析，与渤中凹陷深层进行对比，以期总结出研究区深层存在的共性与差异性特征。

1. 国内勘探实例

1）塔里木盆地塔中隆起

塔中隆起位于塔里木盆地中部，是一长期发育的继承性古隆起，紧邻生烃坳陷，具有优越的油气成藏条件，一直是塔里木盆地寻找大油气田的重点领域。2003 年以来，先后整装探明了塔中 I 号坡折带上奥陶统超亿吨级礁滩型凝析气藏与塔中北部斜坡下奥陶统岩溶风化壳型凝析气藏，塔中奥陶系 10 亿吨级油气储量规模的"大场面"已初具规模。

（1）地质背景。

塔中隆起总体走向为北西—南东向，平面上由四排断裂带组成，自北向南分别为塔中 I 号断裂带、塔中 10 号构造带、中央主垒带和 II 号断裂带。塔中北斜坡位于塔中隆起中央主垒带与塔中 I 号坡折带之间，呈北西—南东走向，东西长约 180km，南北宽约 60km，表现为整体向西倾伏的斜坡，东西高差逾 2000m，仅有很小的局部构造。

（2）烃源岩特征。

塔里木盆地古生界烃源岩主要分布在两套地层中：寒武系—下奥陶统和中—上奥陶统。前者沉积环境主要为欠补盆地相和蒸发潟湖相。岩性为泥质白云岩、泥质石灰岩和灰质硅质泥页岩。TOC：0.5%~12.5%，R_o：1.4%~2.5%。TOC>0.5%烃源岩的厚度：欠补偿盆地相约 150~400m，蒸发潟湖相约 38~195m。后者沉积环境为台缘斜坡灰泥丘相与半闭塞—闭塞欠补偿陆源海湾相。烃源岩岩性：泥灰岩、灰质泥岩和页岩。TOC：0.5%~5.54%，R_o：0.81%~1.53%。TOC ≥ 0.5%的烃源岩厚度：塔中低隆区为 80~300m，柯坪—阿瓦提地区为 40~110m。

在塔中的中—上奥陶统烃源岩因缺失了整个中奥陶统及上奥陶统底部，只存在上奥陶统的良里塔格组泥灰岩。它与下奥陶统纯石灰岩呈不整合接触。塔中的良里塔格组 TOC：0.5% ~ 5.54%，R_o：0.81% ~ 1.53%，处于生油高峰阶段，是塔中地区的最重要烃源岩之一。

（3）储层特征。

塔中 I 号坡折带边缘良 1—良 2 段礁滩复合体储层主要是由颗粒灰岩、生物灰岩和少量泥晶灰岩、泥岩组成。铸体薄片分析、岩心描述和缝洞统计认为，塔中 I 号坡折带奥陶系碳酸盐岩储集空间类型主要有孔、洞、缝三大类。其中孔洞主要与溶蚀作用相关，储集空间类型主要包括：粒内溶孔、铸模孔、粒间溶孔、晶间溶孔、生物体腔、生物格架孔、超大型溶孔和溶洞等。其中粒内溶孔主要见于砂屑内，少数见于生屑和鲕粒内，是同生期大气淡水选择性溶蚀所致。

（4）油气物性。

塔中隆起北斜坡原油物性差异性显著，因层位、区块而异，烃类分布包含稠油、正常油、轻质油、凝析油等多种形式。塔中 I 号坡折带奥陶系礁滩复合体油气藏主要以凝析气藏为主，凝析油主要以轻质原油为主。原油密度为 0.76 ~ 0.84g/cm³，平均 0.81g/cm³；含蜡量为 2.01% ~ 24.95%，平均 8.89%；含硫量为 0 ~ 0.34%，平均 0.15%；胶质沥青质含量为 0 ~ 3.19%，平均 1.07%；总体来说，塔中 I 号坡折带奥陶系原油属于低密度、中高含蜡、低含硫、低含胶质沥青质的轻质油，平面分布上各井差别不大，紧贴 I 号坡折带原油的密度偏轻，这与喜马拉雅晚期大然气充注（气侵）有一定关系。原油的族组成差异也很显著，对 51 个奥陶系原油样本的统计表明，饱和烃含量为 33.5% ~ 91.3%（均值 74.5%）、芳烃为 7.0% ~ 36.3%（均值 15.5%）、非烃+沥青质含量为 0.8% ~ 46.9%（均值 10.1%）。多数志留系原油饱和烃含量相对较低（均值 48.4%）、非烃+沥青质含量（均值 25.3%）相对较高，与原油物性特征相吻合。

塔中隆起奥陶系天然气组分变化大，甲烷含量为 80.57% ~ 92.5%，CO_2 含量为 0.1381% ~ 3.4782%，N_2 含量为 3.29% ~ 9.12%，天然气相对密度为 0.61 ~ 0.68。该地区天然气普遍含硫化氢，井间变化较大。天然气的甲烷碳同位素值主体分布在 -46‰ ~ -37‰，乙烷碳同位素值主体分布在 -42‰ ~ -30‰，远低于腐泥型母质和腐殖型母质来源天然气的分界值（-28‰），属于海相腐泥型母质来源的天然气。$\delta^{13}C_{2-1}$ 值小，大多小于 10‰，反映天然气成熟度非常高。根据天然气 $\delta^{13}C_1$ 和 R_o 值关系式换算出的天然气 R_o 值主体在 1.3% ~ 2.2%，说明天然气主体进入了高—过成熟阶段。这与塔中北斜坡上奥陶统烃源岩的成熟度不匹配，说明天然气主要来源于中—下寒武统烃源岩。例外的是塔中 45 井具有异常轻的 $\delta^{13}C_1$，小于 -50‰，$\delta^{13}C_{2-1}$ 为 16.2‰ 和 23.3‰，干燥系数为 0.89，具有生物—热催化过渡带天然气的特征。塔中古隆起奥陶系碳酸盐岩油气藏中天然气的甲烷碳同位素与塔里木典型的干酪根裂解气和原油裂解气的甲烷碳同位素的对比表明，塔中古隆起奥陶系天然气的甲烷碳同位素值明显与典型的原油裂解气相近，说明天然气主要为中—下寒武统古油藏的原油裂解气。

（5）油气充注成藏过程。

已有研究表明，塔中隆起的油气来源于中—下寒武统、上奥陶统两套烃源岩，主要形成加里东期、晚海西期、喜马拉雅期多期油气充注与成藏（Zhang 等，2011），塔中地区和满加尔凹陷西部中—下寒武统烃源岩在晚加里东期达到生油高峰，在晚海西期干酪根大量裂解达到生气高峰，目前有机成熟度 R_o 高于 2.0%；塔中低凸起上奥陶统烃源岩在二叠纪末—燕山初期进入生油门槛，在喜马拉雅期达到生油高峰；满加尔凹陷西部的中奥陶统烃源岩在晚海西期进入生油高峰期，在喜马拉雅期进入生气高峰。

加里东期末，满加尔凹陷寒武系—下奥陶统烃源岩大量排烃，在塔中等古隆起部位聚集成藏；海西期晚期，奥陶系烃源岩生成的烃类再次充注成藏；喜马拉雅期，寒武系高成熟干气充注古油藏，发生气侵，形成凝析气藏。从成藏过程来看，塔中地区深部奥陶系至少存在三期有效成藏作用：（1）加里东中晚期（志留系沉积前）是奥陶系岩溶储层形成发育的重要时期，为后期油气的聚集提供了有效孔洞。（2）晚加里东—早海西期（石炭系沉积前），来源于寒武系—下奥陶统的原油沿断裂或奥陶系岩溶储层输导体系向奥陶系储集体中充注成藏，这是塔中地区最早的一次油气充注；但是在泥盆纪部分油藏遭受破坏，残留部分古油藏，特别是志留系砂岩油藏破坏较为严重，多以沥青砂的形式残留下来。（3）海西晚期，来源于中—上奥陶统的原油，沿塔中 I 号断裂带等输导体系向奥陶系充注并大范围成藏。（4）喜马拉雅期以来，发生天然气的充注作用（气侵作用），形成凝析气藏。塔中 I 号断裂带及其派生的断裂体系是后期油气发生运移的重要通道，在其周围油气富集程度最高。

2）四川盆地安岳气田

安岳气田位于四川盆地川中地区，处于川中古隆起现今构造的东端，是中国近年来发现的新元古—下古生界碳酸盐岩特大型气田，主力含气层系包括寒武系龙王庙组、震旦系灯影组四段及灯影组二段，产层中部埋深为 4600~5200m。地质时代大于 500Ma，发育时代古老，埋藏深度大，储层均为白云岩。气田含气面积大。其有利含气区的面积达 7500km²；气田储量规模大。截至 2017 年底，已探明天然气地质储量为 $8487×10^8 m^3$，三级储量超万亿立方米；气田开发效果好，龙王庙组气藏已完成年产 $110×10^8 m^3$ 的产能建设，2017 年天然气产量达 $95×10^8 m^3$，累计产气量超 $270×10^8 m^3$，灯影组四段完成年产 $15×10^8 m^3$ 产能建设，累计产气量达 $13×10^8 m^3$。安岳气田是深层古老碳酸盐气田的典型代表，该实例分析以期对渤中凹陷深层勘探有所启发。

（1）地质背景。

安岳气田位于四川省遂宁市、资阳市安岳县、重庆市潼南县境内，构造上位于川中乐山—龙女寺古隆起巨形鼻状古隆起东段翼部，属于川中古隆起平缓构造区，东至广安构造，西邻威远构造，北邻蓬莱镇构造，西南到荷包场、界石场潜伏构造，与川东南中隆高陡构造区相接。安岳气田震旦系、寒武系主力产层有三套：寒武系龙王庙组、震旦系灯影组四段和震旦系灯影组二段。烃源层以寒武系筇竹寺组为主，广覆式分布，在德阳—安岳台裂陷内厚度最大可达 450m。震旦系灯影组三段烃源岩仅部分地区发育，对灯影组气藏有一定贡献。筇竹寺组烃源与龙王庙组储层组呈下生上储式匹配；筇竹寺组烃源与灯影组储层组呈侧接式匹配和倒灌式匹配；台缘带以侧接式匹配为主，充注效率高；台内以倒灌式匹配为主，充注效率略低。

（2）储层特征。

寒武系龙王庙组储集岩主要为颗粒（砂屑、鲕粒）白云岩和晶粒（细晶、粉晶）白云岩，储集空间类型有孔、洞、缝三大类，主要储集空间为中—小型溶洞、残余粒间孔、粒间溶孔和晶间溶孔等。震旦系灯影组四段储层主要受沉积和表生岩溶控制，储集岩主要发育在丘滩相中，以藻凝块白云岩、藻叠层白云岩、藻纹层白云岩和砂屑白云岩为主，储集空间类型有孔、洞、缝三类，主要储集空间为中—小型溶洞、粒内溶孔、粒间溶孔、晶间溶孔和残余粒间孔等。震旦系灯影组二段储层主要受丘、滩相与岩溶作用共同控制，储集岩以藻砂屑白云岩、藻凝块白云岩和藻叠层白云岩为主，储集空间类型有孔、洞、缝三类，主要储集空间为中—小型溶洞、粒内溶孔、粒间溶孔、晶间溶孔和格架孔等。

（3）气藏特征。

通过对川中地区实钻井气水分布、压力分析和滩相储层分布预测表明，龙王庙组发育多个构造—岩性气藏。位于构造高部位的磨溪、龙女寺和高石梯三个区块为富气区，以含气为主，主要受岩性分隔，发育多个气藏，气藏压力、气水界面各不相同。斜坡区气水关系相对复杂，目前发现受断层和岩性共同控制发育三个独立构造—岩性气藏。

震旦系灯影组四段大面积含气，西部台缘带优质储层连片发育，含气性好，为高产富气带，气藏的聚集分布主要受构造、地层控制。受德阳—安岳台内裂陷控制，川中地区灯影组四段台缘带地层残余厚度大，向裂陷区急剧减薄尖灭，台内裂陷内充填了下寒武统泥岩，对灯影组四段气层形成侧向地层遮挡。

川中古隆起灯影组二段气藏受构造圈闭控制，为具有底水的构造圈闭气藏。灯影组二段顶界主要发育高石梯和磨溪两个潜伏构造圈闭，构造圈闭内各自具有统一的气水界面，气藏充满度较高。两个气藏具有不同的气水界面和压力系统，为两个独立的构造圈闭气藏，但气藏的气水界面和压力的差异较小。分析认为，由于两个气藏的烃源、储层、成藏组合和演化、构造圈闭等成藏条件基本一致，使气藏的基本特征高度相似。

2. 国外勘探实例

1）墨西哥湾北部深水区

墨西哥湾北部深水区（水深大于 457m）是世界上石油勘探和开发最活跃的深水区之一。该区域的地质极其复杂，包括一层巨厚的新生代沉积填充物（大于 15000m）的构造环境，多级异地盐系、伸展和收缩断层以及大型褶皱带。2015 年，美国能源信息署预测，石油日产量为 $1.52×10^6$ bbl，约为美国日产量的 16%。进一步在墨西哥湾中北部和其他几个深水盆地发现的两个地质特征给钻探带来了重大挑战。超压沉积物直接出现在海底下方，并在浅层地下继续向下。含砂近地表沉积段（上部 1000m）可能与周围的超压钻井液不平衡。盆地历史晚期沉积的欠压实近地表砂（在某些情况下是在过去数万年中沉积的）在钻井过程中会产生流动问题（即，超压砂释放到井孔中的大量水，称为"浅水流"）。其他浅层钻井问题包括超压充气砂体和近地表断层。所有这些浅层地下钻井问题，一旦确定，通常可以避免或至少减轻。鉴于沉积地质背景、相似性和研究问题类型的同质性，本项目作一简单实例分析。

（1）现今沉积背景。

墨西哥湾北部的大陆斜坡和深海平原是由一系列复杂的相互作用过程形成的，拥有一系列独特的特征。斜坡的水深图显示了大陆斜坡中部和西部高度不规则的地形。该斜坡在东北部的水深分布较均匀，沿佛罗里达陡崖向东南方向坡度大幅度增加，坡度在 10°~40° 之间（局部为 90°）。

（2）勘探区域和相关储层。

Zarra 根据地层年龄和变形类型定义了四个主要勘探区域：盆地、盐下、褶皱带和深海平原。

① "盆地"区域。

"盆地"区位于现代中上坡，主要由新近纪厚的盐上沉积层组成，这些沉积物覆盖在浅层外来盐上，或与盆地较老的地层接触。

"盆地"区域包括 149 个油田。大多数圈闭主要发育在盐底辟侧面或与盐有关的断层上，与沉积物和盐变形有关。识别出三种广泛的圈闭类型：第一，伸展背斜海龟（2 个油田），断层边界（6 个油田），以及覆盖在深层构造上的压实褶皱（7 个油田）。第二，103 个油气田具有三向闭合带组合构造—地层圈闭，包括断层终止（51 个油气田）和沿盐体侧面的储层上覆尖灭（52 个油气田）。事实上，许多油田都有多种圈闭元素，例如，主要以尖灭为主，并伴有轻微的断层作用。第三，28 个油田有地层圈闭，包括斜坡或盐上的上覆。几乎所有在墨西哥湾北部深水区具有地层圈闭的油田（28 个油田中的 27 个）都位于"盆地"区，而且这些油田的年代主要是中新世。一个油气田是由断层边界的双向闭合圈闭产生的。

储层主要形成于中新世至更新世。由单层至多层河道充填砂、混合和层状片状砂以及堤坝中较小程度的薄层砂组成。在东北部，四个油田包含上侏罗统（牛津阶）风成砂岩储层。这些储层相当于现今海岸线附近流动湾地区的风成砂岩储层。油田覆盖在 Louan 盐上的筏状地层块体上，圈闭包括三向断层闭合和四向闭合。这些发现表明，与周围地区相比，在海洋扩张开始后，这一特定区域沿着中地拱保持了相对较高的位置。这一地区在牛津阶晚期迅速消退。目前正在对这些发现进行评估钻探，以便进行油田开发。这四个发现为上侏罗统浅海—陆相储层以及上三叠统裂谷相关地层的勘探开辟了可能性。

② "盐下"区域。

"盐下"地区被简单地视为一个几乎连续的浅盐地貌。实际上，外来盐在其厚度、样式和形成时间上存在很大差异。这些广泛的盐分布特征通常随着时间的推移而合并，但最初是由不同类型的盐结构发展而来的。浅层盐下地层为中侏罗世至早更新世形成，这取决于外来盐系的发育时间。盐下沉积物最初沉积在相对无侧限的深海平原或盐疏散过程中形成的坡内水道中。

该地区被认为具有商业价值的油田和发现有 51 个。两种主要的结构样式创造了圈闭。第一，Keathley-Walker 褶皱带横跨该省南部。15 个油田的圈闭是收缩褶皱。第二，盐样式的广泛变化形成了两种一般圈闭，即从盐中分离出来的圈闭和附着在盐上的圈闭。分离圈闭位于外来盐之下，形成于浅层新近纪盐侵位之前。圈闭类型包括由海龟构造（5 个油田；和一个断层边界的油田形成的四向封闭。在 Raton-Raton South-Gemini 杂岩中有一个具有地层圈闭的堆积层。相比之下，带有附加存水弯的油田具有三向封闭，以防盐熔接，这也起到了上倾封闭的作用（27 个油气田）。

储层由西向东变年轻。在西部和南部，储层为上古新—下始新统，也就是说，下倾相当于得克萨斯州陆上多产的上倾 Wilcox 组；21 个油田具有该年代的储层。相反，在东部，29 个油田的储层主要为中新统，1 个油田包括上新统下部储层。储层主要由沉积在无侧限盆地、封闭盆地和斜坡水道中的混合河道充填物和片状砂岩（裂片）组成。上古新—下始新统 Wilcox 组沉积在无侧限的斜坡基底上。

③褶皱带区域。

墨西哥湾北部深水区有三个次区域褶皱带：从西到东为珀迪多、凯特利—沃克和密西西比扇（凯特利—沃克褶皱带完全位于盐下，并包含在盐下省中）。这些褶皱带具有不同的构造样式、变形时间、潜在储层年龄和盐的性质。在珀迪多和密西西比扇褶皱带都有发现。

珀迪多褶皱带以东北走向褶皱为特征，其侧翼有小断层。东北部延伸到外来盐之下。这些褶皱以外来上侏罗统盐岩为岩心。褶皱带主要形成于晚渐新世，但在始新世有少量发育。Great White 和 Tobago 油田的圈闭为四向闭合；在 Silvertip 油田，圈闭为倾斜三向闭合，具有轻微断层边界。所有油田的圈闭都有地层圈闭成分。在 Great White 油田，储层为深水 Wilcox 组（上古新—下始新统）和深水 Frio 组；在 Tobago 油田，Wilcox 组形成储层。在 Silvertip 油田，储层为渐新统。密西西比扇褶皱带主要发育于中新世中晚期，由轻微不对称褶皱组成，主要集中在北部。该褶皱带的核心是下白垩统外来盐层，该盐层从中侏罗统原生盐层发育而来。西部 5 个油田的圈闭是四向封闭。对于东部的 3 个区域（Bass Lite、Merganser、Q），不安比是三向封闭的组合。对于 7 个油田（Bass-Lite 除外），储层是沉积在无侧限斜坡基底的中新统至中新统砂岩。Bass-Lite 油田储层为上更新世河道充填砂。Cascade 和 Chinook 油田是 Keathley-Walker 褶皱带系统的一部分（如上所述），但位于盐下省之外。圈闭是四向封闭，在顶部附近被断层切割。储层为威尔科克斯砂岩。

④ "深海平原"区域。

深海平原区位于盐下、褶皱带和盆地区的外侧（南部）。盐下区的边界是陡峭的，以 Sigsbee 陡崖的边缘为标志。这个区直接位于褶皱带的盆地上。在东部，边界与盆地过渡。深海平原区可以简单地分为两部分：鲁昂盐下的地区和无盐地区。原始沉积盐（原生 Louann）和外来盐（早白垩世侵入）的盆地边缘出现在 The abyssal 平原北部。结构包括变形盐或高架地下室砌块。

该区域已发现 7 个油田。所有储层均为中新世晚期形成，沉积于河道充填物或堤坝中。6 个油田的四向封闭是由压实褶皱形成的。所有海底回接至密西西比峡谷东南部独立枢纽的油田，直至废弃。

（3）烃源岩。

墨西哥湾北部深水区的烃源岩通常覆盖着超过 13000m 的地层。只有 26 口井穿透了烃源岩，这些井也仅分布在研究区东北边缘和浅层构造周围。因此，相对较少井的揭示意味着烃源岩的区域分布主要依据储层的石油成分和生物标志物数据或通过斜坡上的渗漏来解释。

两个物源层段被解释为同时代上坡浅海相等效地层：Oxfordian 浅海相石灰岩和泥灰岩，主要发现于东北部；以及广泛分布的 Tithonian 页岩。Teerman 等认为下 Cretacade 组可能也是烃源岩层段。Oxfordian 烃源岩具有 I 型干酪根，Tithonian 烃源岩具有 Ⅰ 型和 Ⅱ 型干酪根；它们是在裂谷后早期历史时期沉积的。下白垩统被认为是 Ⅱ 型干酪根。北坡的一个地区的石油是由这些油源混合产生的。

2）南里海盆地

自 19 世纪以来，南里海盆地一直是具有全球意义的石油盆地。截至 1997 年，在该盆地发现了约 $23.9×10^8$ bbl 油当量。在过去 20 年里，对近海深水区的勘探发现了大型凝析油气田，如 Shah Deniz 气田。一般认为，这些堆积体的假定烃源岩为渐新—中新世或更老（可能是始新世）年龄。由于其埋深很深，它们超出了近海钻头的范围。对阿塞拜疆东部这些露头段的研究表明，在富含有机质泥岩的烃源岩潜力和沉积环境中，地理和地层都存在很大程度的变化。由于缺乏连续高总有机碳（TOC）和氢指数（HI）的清晰间隔，因此一些作者考虑了东部帕拉提斯沉积的 Maikop 组，以及露头研究中遇到的 Maikop 组是否能够产生里海盆地南部已发现的石油量。因此，考虑到南里海盆地所产油气性质和含油气系统与渤中凹陷深层油气近似，特作为典型勘探实例进行叙述。

（1）构造—沉积背景。

南里海盆地是 Paratethys 地区的一部分，周围是一系列山脉（西部是大高加索和小高加索山脉；东部是 Kopet Dagh 山脉；南部是 Talysh 和 Alborz 山脉），它们构成了大高山喜马拉雅造山带的一部分。新特提斯的逐渐封闭最终导致里海的孤立，这是南里海盆地石油系统要素区域开发的关键，包括富含有机质的始新—中新世烃源岩和上新世河流—三角洲硅质碎屑储层。

（2）烃源岩。

深层地震反射剖面显示，在靠近 Absheron 海脊的最深处，目前的南里海盆地包含超过 25km 的沉积填充物，在近海盆地的大部分区域，沉积物厚度达 20 km。中新世至上中新世硅藻岩代表了南里海的第二个高 TOC 烃源岩层段，沉积在与 Maikop 组相关的陆源—湖泊影响条件下。对库尔亚盆地较远部泥火山喷发物和巴库附近井硅藻岩样品的分析表明，烃源岩潜力增加，TOC 高达 7.8%，HI 高达 708mg/g。渐新统至中新统的总厚度存在相当大的不确定性，在盆地中可能超过 4km（Green 等，2009）。

（3）储层。

Shah Deniz 气田位于巴库西南 70km 处，水深约 80~600m，于 1999 年发现，是阿塞拜疆最大的气田。最初整个 Shah Deniz 气田的总天然气量估计约为 $1.2×10^{12}$ m^3。2006 年投产，自 2018 年以来，该气田累计天然气总产量超过 $1000×10^8$ m^3。该气田产自上新统 Fasila 组（俄罗斯称之为 Pereriv 组）和 Balakhany 组堆积的 deltaic 砂岩，这些砂岩埋藏在大约 4.5~7km 的生产层系内。这些储层中含有凝析油，并被横向广泛的湖相泥岩封闭。该圈闭为北西向、双倾背斜。

Azeri-Chirag-Gunashli 油田大型结构位于 Absheron ridge 离岸约 100 km 处的 120~175m 水深处。拉长的背斜构造长约 50km，有三个顶点，从西到东为：古纳什利、希拉格和阿塞拜疆。该油田于 20 世纪 70 年代初被发现，阿塞拜疆共和国国家石油公司（SOCAR）于 1980 年从名为浅水 Gunashli 构造的西北端开始开采。Azeri-Chirag-Gunashli 油田是里海盆地阿塞拜疆地区最大的油田，从 Balakhany 组和 Fasila（Pereriv）组的堆积三角洲砂岩储层中开采了超过 $30×10^8$ bbl 的石油。烃类存在于十多个堆叠的砂岩单元中。沿该走向的构造闭合大于 900m。Azeri-Chirag-Gunashli 油田的埋深不如 Shah Deniz 气田（通常为 2~3.5km），从而导致较低的超压。然而，背斜构造上仍存在足够大的超压梯度，导致倾斜的油水接触面，北部侧翼的接触面更深。

（4）压力发育特征。

Shah Deniz 气田的勘探和开发揭示了孔隙压力的复杂分布，对南里海盆地的石油系统有重大影响。快速埋藏和不平衡压实产生了向盆地内不断增加的超压。尽管 Shah Deniz 的生产储层通常在 6~7km 深度处超压 1200~2500psi（8.3~17.2MPa），但相对于上覆不透水泥岩，其压力明显退化，孔隙压力可接近岩石静压力。生产层系储层具有广泛的横向连通性，允许超压向盆地边缘散失，并在这些砂岩单元内形成横向超压梯度，并使油气藏上的油气水界面倾斜。根据渗透率分布和砂体相对于压力释放点的几何形状，不同储层之间的倾斜方向可能有所不同。

压力回归与深部埋藏相结合，使生产层系储层纵向有效应力高，密封层致密，气柱较大。相比之下，面积较小的砂岩单元往往与压力回归隔离，并保持超压，以至于上覆的顶部封闭层无法保留重要的气柱，这有助于油气通过背斜顶部进行有效垂直运移。

（5）油气性质。

阿塞拜疆近海和近岸的许多石油都通过生物降解和水洗表现出不同程度的圈闭后改性。相比之下，Azeri-Chirag-Gunashli 油更轻（30~35°API），仅显示出轻微的生物降解，这通常限制于非生物降解油中存在的长链正构烷烃（蜡）的丰度降低。在烃源岩相指标方面，Azeri-Chirag-Gunashli 油与其他南里海石油相似，即为蜡状，硫含量低（小于 0.5%），Pr/Ph 为 1.0~1.4，并且含有少量的奥利烷（奥利烷/C_{30} $\alpha\beta$-藿烷的比率通常在 0.03~0.09）。推断出其主要是海相碎屑烃源岩相，具有一些陆源或淡水成分。大量油源岩对比研究表明，Maikop 组和硅藻地层的渐新统至中新统泥岩是南里海盆地油田最有可能的烃源岩，包括 Azeri-Chirag-Gunashli 组。

Shah Deniz 气田是一个相对丰富的凝析油气藏，储层之间凝析油气比在 40~90 brl/MMscf 之间变化，由于重力分异，其高度高于油气—水接触面。凝析油呈蜡状，低硫，Shah Deniz 产气干燥系数高，通常为 94%~96% 的甲烷。这表明天然气可能来自比大部分凝析油更成熟烃源岩的贡献。

综合国内外研究实例分析，深层油气藏由于其特殊的地质背景，通常具有与常规中浅层油气藏不同的特点：

（1）储层层系多、类型多。深层油气在新生界砂砾岩储层、中生界火山岩储层、古生界碳酸盐岩储层和元古宇变质岩储层均有发现，且随储层时代变老，深层天然气在深层油气中所占比例有增大趋势（白国平等，2014）。

（2）埋深大。深层油气藏不仅埋深比常规中浅层油气藏要大得多，其埋深范围也相对要宽得多。全球深层油气 2P 可采储量（2P＝P1+P2，近似于中国的探明可采储量+控制可采储量）的 86.6% 分布于埋深 4500~6000m 的储层中（白国平等，2014）。

（3）温度高。一般埋深越大，温度越高，温度与油气生成关系密切，是影响有机质成烃演化的重要因素。Tissot 和 Welte（1978）根据干酪根热降解理论认为烃的液态窗在 135~150℃，高于 160℃时，液态烃会因热裂解而消亡，考虑到地质条件和有机质类型的差异，原油自 150℃开始裂解，至 200℃裂解完全。然而近年研究成果发现深层高温条件下，在传统的液态窗之外仍有液态烃的存在。妥进才对全球典型深层油气藏油层温度进行了统计，美国的 Washington 和 Barr Lake 油田（油层深度分别为 6540m 和 6060m），墨西哥湾的 Para-
ton、Lejk 和 Belle 油田的油层温度都已超过 200℃；波斯湾 Marun 油田油层温度超过
230℃；俄罗斯滨里海盆地 Bikzhal 油藏在深度 7550m 处（温度 295℃）发现液态烃聚集；
中国塔里木盆地东河塘油田油层的温度也达到 140℃（埋藏深度 5689~6029m）。一般油气
藏和气藏赋存的温度要比纯油藏更高。

（4）存在异常压力。在全球沉积盆地中，超压体系分布广泛。据统计，全世界已发现
超压盆地 180 多个，其中 160 多个为富含油盆地，异常高压油气田约占全球油气田的
30%。不同埋深、不同类型油气田（藏）压力特征多样，深层与中浅层油气藏压力系数存
在明显差异。沉积盆地的超压体系与油气藏特别是深层油气藏的关系密切，超压对于寻找
深层油气藏具有特别重要的意义。异常高压对于深层烃源岩的成烃演化具有抑制作用，且
对深层油气的分布与富集也有一定的影响（郝芳，2005）。

（5）油气相态复杂。受埋深及高温超压等影响，深层油气藏相态较为复杂，多为油气
混相，油相少且多集中于埋深相对较小的部位。由于异常高压的存在，大量石油溶于天然
气中，形成凝析气藏。

第二节　渤中凹陷深层勘探现状与区域地质概况

一、深层油气勘探现状

渤中凹陷石油地质条件优越，富生烃凹陷内发育多套储盖组合，区域发育的巨厚东营
组泥岩盖层有利于深部油气成藏。同时，渤中凹陷也是渤海湾盆地埋深最大的凹陷，烃源
岩演化程度最高，是最有可能形成大气区的凹陷。经历 50 余年的勘探实践，渤海油田深
层（大于 3500m）钻探 22 个构造 50 余口井，发现油气田 6 个（其中在生产油田 1 个）、
含油气构造 16 个，已发现的深层油气藏主要围绕渤中凹陷分布，储量规模仅占渤海油田
已发现的 3.5%（截至 2017 年），深层勘探程度依然很低，剩余可供勘探面积大，资源潜
力大，油品性质好，因此深层勘探是渤海油田未来勘探的重点潜力领域。

近几年围绕渤中西南环印支期逆冲褶皱带，先后探明了渤中 21-2、渤中 22-1 碳酸盐
岩气田以及渤中 19-6 大型变质岩凝析气田，尤其是渤中 19-6 超千亿立方米凝析气田的成
功发现进一步证实了环渤中地区深层的巨大勘探潜力。

二、构造演化特征

渤中凹陷深层油气地质是油气运聚成藏研究的基础。基于渤海湾盆地宏观构造特征和
其运动学机制分析渤中凹陷构造背景；井、震资料反演地层展布特征；通过烃源岩有机质
丰度、类型和成熟度，储层岩石学和储集空间特征、封闭层、油气分布层位和油气藏类型
等综合分析渤中凹陷深层油气地质特征。

渤海湾盆地位于中国东部，涵盖北京、天津、河北、山东、河南、辽宁等部分区域以

及渤海海域，面积近 $20×10^4km^2$，其中陆地面积为 $12×10^4km^2$，东临胶辽隆起，西邻山西台背斜，南靠东濮凹陷南缘，北接燕山褶皱带，是中朝准地台经古生代沉积并在印支运动、燕山运动的基础上发展起来的、在前中生界基底之上发育的中生代断陷盆地和新生代裂陷盆地复式叠加型沉积盆地。盆地两端窄，中间宽，总体上呈菱形（反"S"形），是中国重要的含油气盆地，包括 7 个坳陷（下辽河坳陷、冀中坳陷、黄骅坳陷、渤中坳陷、临清坳陷、济阳坳陷和昌潍坳陷）和 4 个隆起（沧县隆起、邢衡隆起、埕宁隆起和内黄隆起）共 11 个二级构造单元。渤海海域位于渤海湾盆地东部（图 1-1），面积约 $7.3×10^4km^2$，有古近系分布的有效勘探面积达 $5.5×10^4km^2$，凸凹相间，断层发育，是油气生运聚的有利地质条件。

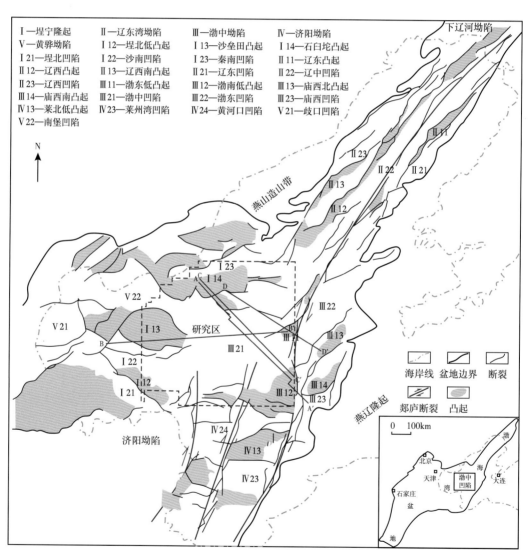

图 1-1　渤海海域区域地质图及渤中凹陷（Ⅲ21）构造位置

渤海海域的天然气勘探发现主要集中在辽东湾北区辽西低凸起北倾末端、辽中北洼以及渤中凹陷周边凸起倾末端，其他地区较少。在20世纪70年代渤海勘探初期，在渤中凹陷周边凸起倾末端钻探的一些探井发现了一些高产天然气层，但储量不大，80年代在辽东湾辽西凸起发现了储量超过100亿立方米的锦州20-2气田，储层为沙河街组和太古宇花岗岩地层，但随后在辽东湾地区的勘探发现又均以原油为主。进入90年代，渤海勘探家提出了"晚期成藏"理论，指出渤海海域是渤海湾盆地发展的归宿，新近系是渤海勘探的主要领域，随后直到目前，渤海十几年时间的勘探以新近系为主，原油勘探获得了大发现，找到了以新近系重质原油为主的约 $30 \times 10^8 t$ 原油。因此，渤海天然气勘探进入低潮，虽有个别发现，储量均以小型为主。

渤中凹陷位于渤海海域中央，是渐新世以来渤海湾盆地沉降迁移收敛的中心，位于陆上三大凹陷——下辽河坳陷、黄骅坳陷和济阳坳陷之间，北接石臼坨凸起，东邻渤东低凸起，西接沙垒田凸起，南接渤南凸起，面积约 $8600km^2$，拥有巨厚的新生代沉积（大于10000m）。新生界地层序列（地震反射界面）自下而上依次为：T_8（孔店组底）、T_7（沙四段底）、T_6（沙三段底）、T_5（沙二段底）、T_4（沙一段底）、T_3（东三段底）、T_3m（东二段底）、T_3u（东一段底）、T_2（馆陶组底）、T_0（明化镇组上段底）、T_0'（明化镇组下段底）、TQ（平原组底）。渤中主洼、北洼、西洼和西南洼等洼陷，构成渤海海域内最大的富烃凹陷。通过横穿渤中凹陷的区域剖面AA'、BB'（图1-2）可见，渤中凹陷沉降中心位于渤东低凸起西侧，基底起伏不大、相对平缓，整体呈宽缓的"箕状"形态。

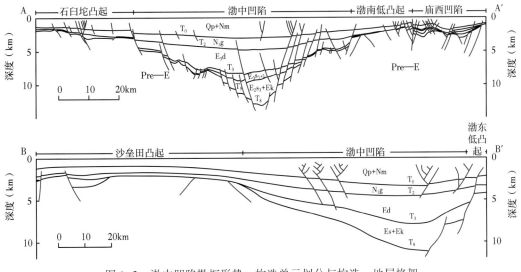

图1-2 渤中凹陷勘探形势、构造单元划分与构造—地层格架

渤中凹陷自新生代以来，新生代裂陷盆地旋回分为裂陷期和裂后期（张成等，2013），裂陷期具体分为裂陷Ⅰ幕—裂陷Ⅳ幕，裂后期分为裂后Ⅰ幕和裂后Ⅱ幕（图1-3）。

裂陷Ⅰ幕处于孔店—沙河街组四段沉积期，盆地初始裂陷，拉开新生界沉积的序幕，形成局部范围内的彼此分割的小型断陷，湖泊发育范围较小，干旱的亚热带气候条件下，盆地充填以咸水湖泊、冲积扇和扇三角洲沉积体系为主。

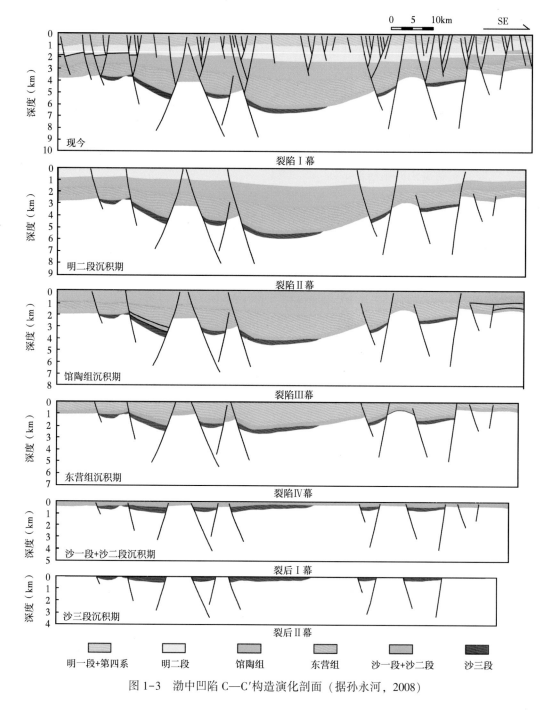

图 1-3　渤中凹陷 C—C′构造演化剖面（据孙永河，2008）

　　裂陷Ⅱ幕处于沙河街组三段沉积期，地幔热流的活动使得裂陷活动快速加强，盆地开始进行全湖盆范围内的沉积，由相对分散的湖泊逐渐连成一片，断裂控制了烃源岩的发育，使得凹陷内发育广袤的滨浅湖—半深湖—深湖沉积体系，沉积了渤中凹陷内第一套厚层优质烃源岩。

裂陷Ⅲ幕处于沙河街组一段+二段沉积期，在经历了沙三段沉积末期断陷湖盆的萎缩抬升之后，地壳再一次裂陷，断陷湖盆继承性地沉积了沙一段+沙二段，开始了新生代以来第三次裂陷，断层活动性相对沙三段沉积明显减弱，发育规模相对较大的扇三角洲—辫状河三角洲沉积体系。同时，沙一段+沙二段沉积末期，滨浅湖—半深湖—深湖沉积体系广泛发育，形成了渤中凹陷第二套优质烃源岩。

裂陷Ⅳ幕处于东营组沉积期，开始了新生代以来第四次裂陷，凹陷沉降速率加快，伸展和走滑断裂系统同时活动，东营组沉积早期，湖盆分布范围达到最大，沉积了渤中凹陷第三套优质暗色烃源岩。东二段沉积期，湖盆发育面积明显萎缩，发育大型扇三角洲和辫状河三角洲，成为渤中地区良好的储层，至东营组沉积末期结束了古近纪以来盆地裂陷演化史。

裂后Ⅰ幕处于馆陶组—明化镇组沉积期，断裂活动微弱，渤中凹陷发生热沉降，凹陷缓慢充填，发育了大范围的河流相—冲积平原碎屑沉积体系，分布相对均匀。

裂后Ⅱ幕处于明化镇组上段—第四系沉积期，表现为新构造运动，断裂活动相对馆陶组—明化镇组下段沉积期显著增强，断裂重新活化，派生出大量切穿明化镇组的小型晚期活动断裂。

总而言之，渤中凹陷构造格局从裂陷Ⅱ幕始，发生了重大改变，凹陷断陷速率加快，断层活动量大，构造活动增强，形成了地堑和地垒等多种地貌，裂陷Ⅲ幕和裂陷Ⅳ幕继承了裂陷Ⅱ幕的构造格局，裂后期断层发育与裂陷期有明显不同，盆地整体表现为热沉降，在裂后Ⅱ幕明化镇沉积期末，断层重新活化，且派生出大量小断层。渤中凹陷先后经过裂陷和坳陷，对油气地质条件影响巨大。

三、地层沉积特征

1. 沉积特征

渤海湾盆地在古元古代（震旦亚代）吕梁运动时形成燕山准地槽，以碳酸盐岩沉积为主。早古生代（早寒武—中奥陶世）的蓟县运动使华北陆台抬升，早寒武—中奥陶世处于浅海环境，以碳酸盐岩沉积为主，夹少量泥质岩和蒸发岩。晚古生代（中石炭世—二叠纪）的加里东运动使华北陆台上升成陆，遭受长期的风化剥蚀作用，至中石炭世又整体下降，海陆交替相含煤地层；海西运动使华北陆台继续抬升，印支运动使已沉积地层发生褶皱，形成大型背斜、向斜构造。中生代的燕山运动使侏罗系和白垩系遭受剥蚀，残缺不全。目前，整个渤海湾盆地主要在前新生界基底之上发育古近系、新近系和第四系，且相对完整。

古近系沉积时期，沉积作用受强烈断裂活动的控制，裂陷期的湖盆背景造就了良好的成烃环境。孔店组、沙河街组和东营组可见砂岩、泥岩、页岩、砾岩和生物灰岩等。孔店组沉积末盆地抬升，地层顶部存在不同程度的剥蚀，沙河街组沙四段与孔店组不整合接触。沙四段沉积早期由于气候干旱，湖水咸化，发育有红色沉积和碳酸盐沉积。沙三段沉积时期，剧烈断陷导致盆地大幅沉降，是新生代沉积水体最深的时期，气候温暖潮湿，湖盆相对封闭，藻类（渤海藻、副渤海藻）发育，沉积了巨厚的富有机质暗色泥岩，沙三段沉积末发生区域性抬升。沙一段+沙二段沉积格局与沙三段相似，沉积中心未发生明显变化，湖水变浅，出现半咸水沉积环境。东营组沉积时期，受裂陷Ⅱ幕的影响，沉降再次增强，沉积格局发生变化，湖盆扩张，水体加深，渤中主注和渤东凹陷成为沉积厚度最大区域。东二段沉积前，渤中凹陷碎屑物的物源主要为石臼坨凸起、沙垒田凸起及凸起间的中生代火成岩基底，东二段沉积后，物源主要为盆地北部的燕山构造带。东一段为砂泥岩互层的三角洲相沉积。

新近系和第四系沉积时期，盆地处于裂后期。新近纪断裂活动减弱，盆地继续缓慢沉降，沉积相主要为河流平原相；第四系平原组则主要是冲积平原沉积。

渤中凹陷古近纪以来进入断陷期，地层整体以沉降为主，沙河街组和东营组的沉积相类型受物源、断裂和地形的控制明显，主要沉积相类型为扇三角洲相、辫状河三角洲相、滨浅湖相和半深湖—深湖相，不同层系之间沉积相类型特点既有相同之处又存在差异性。

2. 地层格架

渤中凹陷地层可分为前新生界和新生界，前新生界主要包括太古宇—新元古界的变质岩和花岗岩、古生界的碳酸盐岩和中生界的火山碎屑岩。新生界包括古近系孔店组、沙河街组和东营组，新近系馆陶组和明化镇组，以及第四系平原组（图1-4）。新生代地层特

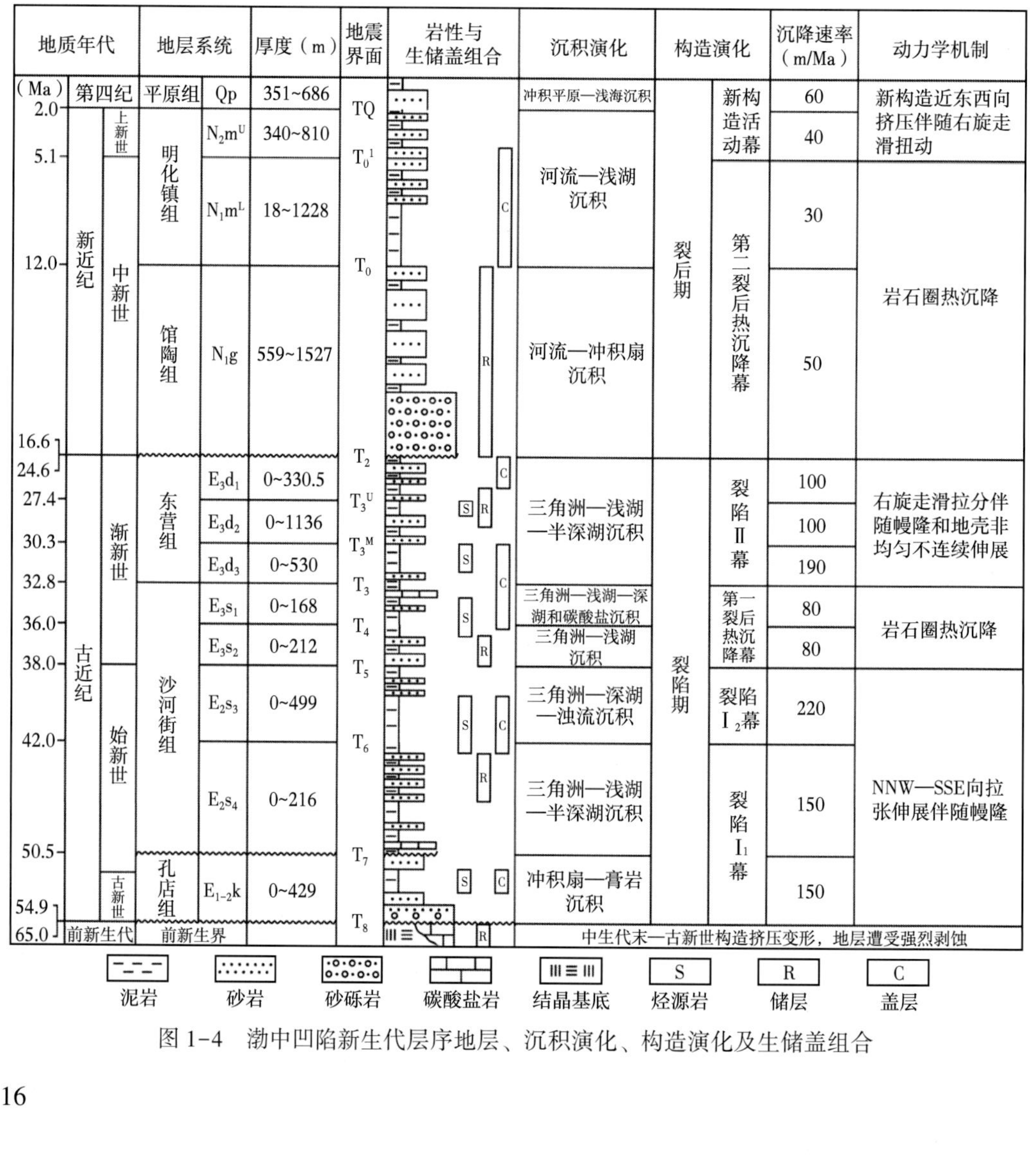

地质年代			地层系统		厚度（m）	地震界面	岩性与生储盖组合	沉积演化	构造演化		沉降速率（m/Ma）	动力学机制
(Ma) 2.0	第四纪		平原组	Qp	351~686	TQ		冲积平原—浅海沉积	新构造活动幕		60	新构造近东西向挤压伴随右旋走滑扭动
5.1	新近纪	上新世	明化镇组	N_2m^U	340~810	T_0^1		河流—浅湖沉积	裂后期		40	
12.0		中新世		N_1m^L	18~1228	T_0				第二裂后热沉降幕	30	岩石圈热沉降
			馆陶组	N_1g	559~1527			河流—冲积扇沉积			50	
16.6						T_2						
24.6	古近纪	渐新世	东营组	E_3d_1	0~330.5	T_3^U		三角洲—浅湖—半深湖沉积	裂陷Ⅱ幕		100	右旋走滑拉分伴随幔隆和地壳非均匀不连续伸展
27.4				E_3d_2	0~1136	T_3^M					100	
30.3				E_3d_3	0~530						190	
32.8			沙河街组	E_3s_1	0~168	T_3		三角洲—浅湖—深湖和碳酸盐岩沉积	第一裂后热沉降幕		80	岩石圈热沉降
36.0				E_3s_2	0~212	T_4		三角洲—浅湖沉积			80	
38.0		始新世		E_3s_3	0~499	T_5		三角洲—深湖—浊流沉积	裂陷期	裂陷Ⅰ₂幕	220	
42.0				E_2s_4	0~216	T_6		三角洲—浅湖—半深湖沉积		裂陷Ⅰ₁幕	150	NNW—SSE向拉张伸展伴随幔隆
50.5		古新世	孔店组	$E_{1-2}k$	0~429	T_7		冲积扇—膏岩沉积			150	
54.9						T_8						
65.0	前新生代		前新生界					中生代末—古新世构造挤压变形，地层遭受强烈剥蚀				

图例：泥岩 | 砂岩 | 砂砾岩 | 碳酸盐岩 | 结晶基底 | S 烃源岩 | R 储层 | C 盖层

图1-4　渤中凹陷新生代层序地层、沉积演化、构造演化及生储盖组合

征如下。

1）孔店组（$E_{1-2}k$）

孔店组沉积时期为亚热带干旱气候条件，盆地多处于沉积基准面之上，以冲积扇—膏岩沉积为主，分布面积较小。孔店组是裂谷演化的早期沉积，与前古近系呈不整合接触，钻遇厚度 0～429m，可分为上下两部分。上部深灰色泥岩、杂色砂岩、薄层石灰岩和白云岩；下部紫红色泥岩、灰白色砂岩、砂砾岩。孔店组整体上分选差，物性好，是重要的储层。

2）沙河街组（$E_{2-3}s$）

（1）沙四段（E_2s_4）。

孔店组沉积末期，盆地普遍抬升，孔店组被不同程度剥蚀，沙四段不整合于孔店组之上，为三角洲—浅湖—半深湖沉积，钻遇厚度 0～216m。沙四段沉积期气候炎热干旱，砂泥岩、膏岩、石灰岩、白云岩皆有发育。

（2）沙三段（E_2s_3）。

沙三段沉积时期气候潮湿，渤海湾盆地大幅沉降，沉陷最深、水体范围最大，以三角洲—深湖沉积为主，钻遇厚度 0～499m。暗色泥岩最为发育，夹薄层砂岩、粉砂岩，是渤中凹陷最主要的烃源岩。该阶段也是决定渤中凹陷各洼陷含油气潜力的重要阶段。

（3）沙二段（E_3s_2）。

沙二段沉积时期气候干燥，地层抬升，部分地区沙二段有缺失，钻遇厚度 0～212m，多为三角洲—浅湖沉积。发育浅灰色砂岩、含砂砾岩和灰色泥岩，烃源岩发育次于沙三段，但可作为储层。

（4）沙一段（E_3s_1）。

沙一段沉积时期气候又变得潮湿，湖侵导致地层再次沉降，接受沉积，钻遇厚度 0～168m。作为沙二段沉积时期的继续和扩张，沙一段沉积时期包括三角洲—浅湖沉积和碳酸盐沉积。岩性以深灰色泥岩夹薄层砂岩、粉砂岩和石灰岩、白云岩。

3）东营组（E_3d）

（1）东三段（E_3d_3）。

东三段沉积以湖相沉积为主，发育厚层深灰色泥岩夹砂岩、粉砂岩，钻遇厚度 0～530m，是渤中凹陷重要的烃源岩。

（2）东二段（E_3d_2）。

东二段沉积三角洲较为发育，钻遇厚度 0～1136m，可分为上下两个亚段。东二下亚段为厚层深灰色泥岩与浅灰色砂岩、粉砂岩互层；东二上亚段为深灰、灰绿色泥岩与浅灰、灰白色砂岩、粉砂岩互层。

（3）东一段（E_3d_1）。

钻遇厚度 0～330.5m，灰色泥岩和灰白色粉砂岩、细砂岩、含砾砂岩互层。

4）馆陶组（N_1g）

馆陶组沉积期处于第二裂后热沉降时期，以河流—冲积扇沉积为主，钻遇厚度 559～1527m。地层呈明显的向上变细的韵律，底部为砂砾岩，上部为砂泥岩互层。

5）明化镇组（N₁₋₂m）

明化镇组可分为明上段和明下段，钻遇厚度分别为 340~810m 和 18~1228m。明下段底部有大段泥岩，其余均为砂泥岩互层。

6）平原组（Qp）

平原组为冲积平原沉积，钻遇厚度 351~686m，地层疏松，黏土层与粉砂岩互层发育。

第三节　基本石油地质特征

大气田的形成在生、储、盖、圈、运、保的基本要素外，还有一些更高的要求：（1）发育在生气中心及周缘（生气强度一般大于 $20×10^8 m^3/km^2$）；（2）成藏期晚（主要在新生代）；（3）流体势上表现为低势区；（4）形成于成气区内古隆起圈闭中；（5）形成于异常压力封存箱内及箱间；（6）形成于新生代后期强烈沉陷中心的圈闭中；（7）天然气资源丰度大于 $0.3×10^8 m^3/km^2$。渤中凹陷有着优越的油气地质条件，满足以上大气田的形成条件。

渤中凹陷是渤海湾盆地中的一个大型凹陷，由于其所处的构造背景和盆地演化的特殊性，存在着与渤海湾其他地区不同的油气地质特征。渤中凹陷主要特点：（1）凹陷面积大；（2）发育多套湖相烃源岩，厚度大，生烃潜力好；（3）输导条件好，多期不整合和断裂带的发育有利于油气的运移和聚集；（4）储层类型多，包括新生古储的前古近系变质岩潜山储层、自生自储的古近系碎屑岩储层、下生上储的新近系碎屑岩储层、以及古生界碳酸盐储层和中生界火成岩储层；五是区域性盖层发育，油气保存条件好。

一、烃源岩

多期裂陷与沉降形成了巨厚的成烃基础——四套烃源岩层系（沙三段、沙一段+沙二段、东三段和东二下亚段），烃源岩埋深大，有机质丰度高（平均 1.55%）、类型好（Ⅱ型为主），热演化程度高（成熟—过成熟），不仅生成了大量石油，也生成了可观的天然气，并已被勘探实践所证实。

二、储层

渤中地区自下而上发育多套储层，整体可分为前古近系储层和古近系储层，深层储层包括前古近系储层和古近系储层。前古近系储层主要为太古—元古宇变质岩、火山岩储层，下古生界储层主要为碳酸盐岩，上古生界储层为碎屑岩储层，中生界储层多为火山岩储层和砂岩储层，圈闭多位于坳陷中的构造带，前古近系储层整体物性较好。古近系储层主要为碎屑岩储层，储层条件良好。

三、盖层

渤中地区发育多套泥岩盖层，直接盖层和区域性盖层厚度大，延续性好，深层区域性盖层主要有沙三段泥岩、沙一段+沙二段泥岩和东营组泥岩。东营组泥岩盖层厚度和封闭能力较好，与沙一段+沙二段泥岩组成的区域性盖层是渤中凹陷深层油气富集和保存的重要因素，深层油气藏的平均区域性盖层厚度均大于 200m。

四、圈闭

渤中地区深层圈闭主要为古近系圈闭和潜山圈闭，圈闭面积大，层系多，闭合度高，前古近系圈闭主要为构造圈闭中的断背斜和断块圈闭，古近系圈闭多为岩性圈闭和地层圈闭，圈闭条件良好。

五、输导体系

渤中地区深层油气运移的输导通道主要为砂体、不整合和断裂，以扇三角洲和辫状河三角洲为主体形成的砂体展布范围广且厚度大，不整合受风化剥蚀后成为良好的输导体系，加之早期形成的一系列正断层，有利于油气向深层储层运移，从而形成油气藏。

六、成藏组合

良好的生储盖组合是油气藏形成的重要因素。受构造演化和沉积条件影响，渤中凹陷地层圈闭和构造圈闭发育，生储盖组合可划分为三大类：（1）潜山成藏组合：古近系烃源岩—前新生界潜山储层—上覆岩层；（2）下部成藏组合：沙三段烃源岩—沙二段储层—东三段盖层；（3）上部成藏组合：东营组烃源岩—馆陶组储层—明化镇组下段盖层。

第二章 渤中凹陷烃源岩特征、成烃机理与资源潜力

烃源岩是大中型油气田形成的基础，有效烃源岩的识别与评价是油气资源潜力评价的关键问题，同时也是含油气系统研究的基础。渤中凹陷深陷期的湖盆背景造就了良好的成烃环境，古近系沉积岩体积大，深层发育多套巨厚的暗色泥岩，烃源岩层段主要分布在沙三段、沙一段+沙二段、东三段及东二下亚段，有机质演化程度高，具有极为丰富的油气资源潜力。本章将主要从地质特征（地层展布差异性、暗色泥岩非均质性和有效烃源岩展布差异性）和地球化学特征（有机质丰度、有机质类型和有机质成熟度等）两方面对古近系烃源岩的"量"和"质"进行评价，并用含油气系统模拟的方法来定量研究地质历史时期中烃源岩的热演化特征，利用盆地模拟结果进行资源量计算。

第一节 烃源岩地质特征

前人研究（Zuo 等，2011）表明主成盆期直接控制了烃源岩的展布，渤中凹陷沙三段、沙一段+沙二段、东三段及东二下亚段均发育有效烃源岩，有效烃源岩分布受层序地层与沉积相的限制，具有湖相烃源岩特有的地质、地球化学性质。新构造运动加剧了渤中凹陷的晚期沉降，新近系和第四系的沉积厚度超过4000m，优质烃源岩（东营组和沙河街组）都埋藏在生油门限深度以下，保留着良好的生烃潜力（龚再升，2004）。有效烃源岩是既有油气生成又有油气排出的岩石，还要满足排出的油气能形成有商业价值的油气藏。通常以有机质丰度下限作为有效烃源岩的划分依据。对于渤中凹陷这样的陆相断陷湖盆而言，尽管暗色泥岩发育，但具有强烈的非均质性，有效烃源岩的确定必须考虑夹层的扣除。受钻井取心和实验分析的限制，通常都是选取质量较好的暗色泥岩进行有机质丰度等参数的确定。

一、地层展布

渤中凹陷钻探程度不高，钻井多位于凸起区（图2-1），构造位置的不同和沉积物的不连续分布，导致生烃凹陷的烃源岩厚度及分布情况并不十分明确。为便于表述，根据渤中凹陷基底立体形态划分为主洼、北洼、西洼、西南洼和南洼（图2-1）。

渤中凹陷古近系烃源岩层段主要分布在沙河街组和东营组，盆地的差异性沉降，特别是古近纪以来构造沉降量的差异，导致各主要烃源岩层系厚度在空间上存在较大差异。渤中凹陷古近系沙三段、沙一段+沙二段、东三段和东二下亚段分布的总体趋势为：主洼沙河街组和东营组都最厚；西洼沙河街组厚，东营组厚，但都薄于主洼；北洼和西南洼沙河街组薄，东营组厚。

　　沙三段分布面积较小，构造高部位很少沉积，坳陷深部沉积厚度多超过500m，沉积中心沙三段沉积厚度超过2000m。沙一段+沙二段分布更广，但厚度较小，仅在主洼沉积中心超过800m。东三段沉积厚度多在100~600m，最大厚度出现在主洼西南部和西洼，沉积中心地层厚度可超过1000m。东二下亚段分布最广且普遍较厚，受古近纪后期湖盆收缩，沉积中心向西南移动，半深湖—深湖相的分布相对东三段面积要小，周缘出现大面积的扇三角洲和辫状河三角洲沉积。东二下亚段厚度多在400~1000m，主洼中心可达1900m。实际钻井资料显示同一层段不同次洼、不同构造区的埋深和厚度都存在一定的差异性。四套主要烃源岩层段——沙三段、沙一段+沙二段、东三段和东二下亚段的钻遇厚度平均值分别为182.67m、107.16m、214.52m和386.76m；泥岩厚度平均值分别为118.54m、65.43m、201.09m和281.38m。其中，沙三段最大钻遇深度4979m（BZ19-6-17井），最大钻遇厚度499m（BZ8-4-1井），最大泥岩厚度322m（BZ8-4-1井）；沙一段+沙二段最大钻遇深度4862m（BZ21-2-1井），最大钻遇厚度233.50m（QHD36-3-3井）；东三段最大钻遇深度4775.50m（BZ21-2-1井），最大钻遇厚度530m（CFD18-2-2D井）；东二下亚段最大钻遇深度4404m（BZ21-2-1井），最大钻遇厚度826m（BZ19-6-16井）。

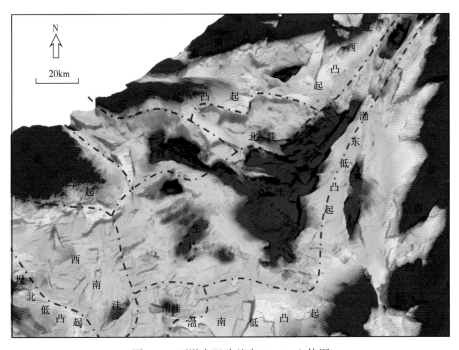

图2-1　环渤中凹陷基底（T_8）立体图

二、暗色泥岩非均质性

　　渤中凹陷钻井证实了沙三段、沙一段+沙二段、东三段和东二下亚段烃源岩的存在，岩心观察发现各烃源岩层段普遍表现出非均质性，但都以深黑色—黑色—深灰色泥质岩为主，其间夹杂有薄层粉砂质泥岩、砂质泥岩、泥质粉砂岩以及砂岩等，其中QHD35-2-3

井钻遇的沙一段岩心显示深黑色泥岩页理极为发育（图2-2）。

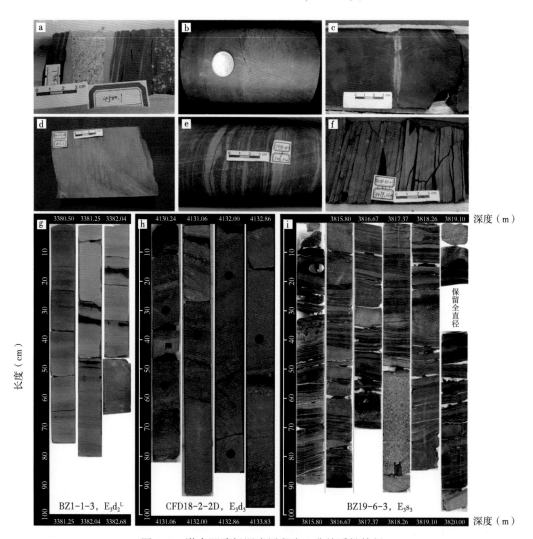

图2-2　渤中凹陷烃源岩层段岩心非均质性特征

a— BZ19-6-8 井，4500.10m，E_2s_3，深黑色泥岩夹灰白色薄层砂岩；b—BZ19-6-11 井，3876.10m，$E_3d_2^L$，深灰色泥岩；c—BZ21-2-1 井，4742.00m，E_3d_3，黑色泥岩，黄铁矿条带；d—BZ22-1-1A 井，3857.15m，E_3s_1，深灰色泥岩夹粉砂质条带；e— CFD18-2E-1 井，3256.30m，$E_3d_2^L$，深灰色泥岩夹薄层灰白色粉砂岩；f—QHD35-2-3井，3479.12m，E_3s_1，深黑色泥岩，层理发育；g—BZ1-1-3 井，3380.50～3382.68m，$E_3d_2^L$，深灰色泥岩；h—CFD18-2-2D 井，4130.27～4133.83m，E_3d_3，深灰色泥岩；i—BZ19-6-3 井，3815.00～3820.00m，E_2s_3，深黑色泥岩、灰色粉砂质泥岩、泥质粉砂岩互层，夹大段砂岩

　　镜下观察可见泥质岩内部有机质条带、粉砂质条带、方解石充填缝、溶蚀孔、黄铁矿等组分（图2-3）。岩心及镜下分析显示，渤中凹陷沙三段、沙一段+沙二段、东三段和东二下亚段烃源岩具有典型的湖相烃源岩特征。

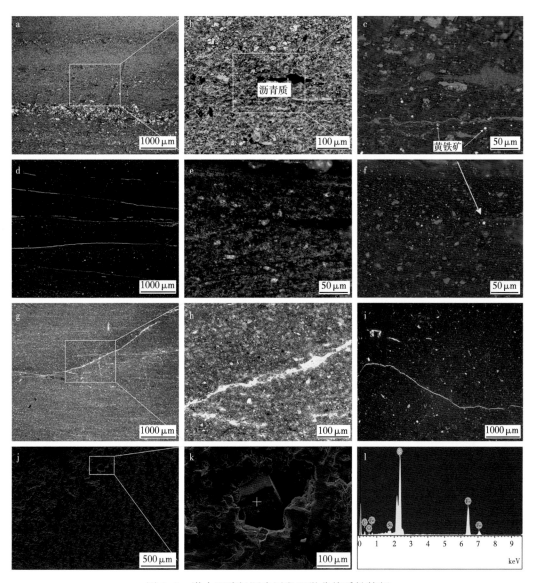

图 2-3 渤中凹陷烃源岩层段显微非均质性特征

a—BZ19-6-3 井，3817.05m，E_2s_3，×12.5，深黑色泥岩与薄层粉砂岩互层；b—BZ19-6-3 井，3817.05m，E_2s_3，×200，黑色有机质；c—BZ19-6-3 井，3817.05m，E_2s_3，×200，反射光，见黄铁矿颗粒；d—QHD35-2-3 井，3479.42m，E_3s_1，×12.5，深灰色泥岩，交错状微裂缝被方解石充填，黑色有机质条带；e—QHD35-2-3 井，3479.42m，E_3s_1，×200，黑色有机质；f—QHD35-2-3 井，3479.42m，E_3s_1，×200，反射光，见黄铁矿颗粒；g—CFD18-2E-1 井，3258.15m，$E_3d_2^L$，×12.5，深灰色粉砂质泥岩，微裂缝被充填；h—CFD18-2E-1 井，3258.15m，$E_3d_2^L$，×200，深灰色粉砂质泥岩，微裂缝；i—BZ13 井，2905.41m，E_2s_3，×12.5，深黑色泥岩内微裂缝，方解石充填；j—BZ13 井，2905.41m，E_2s_3，×220，全貌，致密，见溶蚀孔；k—BZ13 井，2905.41m，E_2s_3，×1500，溶蚀孔内部立方体黄铁矿；l—BZ13 井，2905.41m，E_2s_3，溶蚀孔内部立方体黄铁矿能谱分析

三、有效烃源岩分布特征

非均质性的客观存在，不是所有的暗色泥岩都可作为有效烃源岩。以 BZ19-6-3 井为例（图 2-4），尽管从东二下亚段至沙三段整体岩性为大段泥岩，特别是沙三段，暗色泥岩样品 TOC>2%，$S_1+S_2>10\text{mg/g}$，已经属于优质烃源岩的范畴，但需要注意的是，取样分析并未考虑其间的粉砂质夹层。所以，即使大量密集的样品点测试也不足以完全代表烃源岩真实属性，必须考虑和扣除非烃源岩层段。

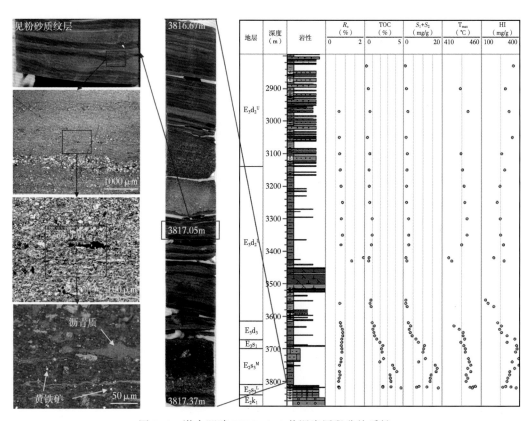

图 2-4　渤中凹陷 BZ19-6-3 井泥岩层段非均质性

根据 Jiang 等所提出的方法进行烃源岩展布预测，先计算各井烃源岩厚度与层厚的比值 K，再统计分析 K 与沉积相 D 之间的相关性，继而根据沉积相展布预测烃源岩厚度分布。从结果来看，半深湖—深湖沉积相的泥地比最高，三角洲沉积相的泥地比最低（表 2-1）。沙河街组有效烃源岩比例高于东营组有效烃源岩比例，沙三段、沙一段+沙二段、东三段和东二下亚段分别为 92%，84%、75% 和 68%（表 2-1）。

烃源岩的发育与沉积相带密切相关，半深湖—深湖相的烃源岩比滨浅湖相和三角洲相更为发育。沙三段烃源岩主要分布在各次洼内，由于多处于滨浅湖相和半深湖—深湖相，烃源岩厚度也相对较大，在西洼和主洼沉积中心可达 920m。沙一段+沙二段以滨浅湖相为主，烃源岩厚度整体也比沙三段偏小，各次洼烃源岩厚度普遍在 400m 以下，沉积中心最厚可达 512m。渤中凹陷是渤海海域东三段的沉积中心，以半深湖—深湖相为主，东三段烃源岩厚度一般在 100~400m，最大厚度仍在主洼西南部和西洼，最大超过 600m。东二下亚段烃源岩厚度多在 200~400m，主洼中心达 480m。

表 2-1 渤中凹陷泥地比和有效烃源岩/暗色泥岩

层位	沉积相	姜福杰等，2009		姜雪等，2019		本次测井解释		本次地震解释		有效烃源岩暗色泥岩地
		平均泥地比（%）	井数	平均泥地比（%）	井数	平均泥地比（%）	井数	平均泥地比（%）	井数	
$E_3d_2^L$	半深湖—深湖	78.30	9	85.00	3	82.26	2	91.00	1	68.00
	滨浅湖	47.60	21	70.00	2	88.93	8	—	—	
	三角洲	39.40	5	70.00	8	79.50	33	69.78	8	
E_3d_3	半深湖—深湖	88.60	6	95.00	11	97.92	2	94.00	4	75.00
	滨浅湖	48.60	12	73.00	4	93.85	7	81.00	6	
	三角洲	42.90	8	55.00	4	68.18	10	—		
E_3s_{1+2}	半深湖—深湖	88.60	6	90.00	1	—		—		84.00
	滨浅湖	52.70	6	84.00	7	72.12	12	93.00	10	
	三角洲	38.50	4	48.00	10	48.90	10	—		
E_2s_3	半深湖—深湖	66.50	1	90.00	4	69.73	6	97.00	8	92.00
	滨浅湖	88.50	3	68.00	5	72.05	2	95.00	2	
	三角洲	53.70	3	50.00	8	56.14	7	—		

第二节 烃源岩地球化学特征

根据地层发育特征及沉积特征分析，渤中凹陷沙三段、沙一段+沙二段、东三段及东二下亚段四套烃源岩具有典型的湖相烃源岩特征，主要分布在渤中主洼及其他次洼。新近纪以来的巨厚沉积使得烃源岩埋藏在生油门限深度以下，有着良好的生烃潜力（龚再升，2004）。本节通过地球化学特征来分析各烃源岩生烃潜力。

一、有机质丰度

有机质丰度直接反映烃源岩生烃潜力，常通过有机碳含量（TOC）、生烃潜量（S_1+S_2）、氯仿沥青"A"和总烃（HC）等参数来衡量。针对渤中凹陷古近系烃源岩，有机质丰度评价参考烃源岩地球化学评价方法（SY/T 5735—2019）中的陆相烃源岩有机质丰度评价标准（表2-2）。

表 2-2 烃源岩有机质丰度评价标准（SY/T 5735—2019）

烃源岩等级	TOC（%）	(S_1+S_2)（mg/g）	氯仿沥青"A"（%）	HC（μg/g）
很好烃源岩	>2	>20	>0.2	>1000
好烃源岩	1~2	6~20	0.1~0.2	500~1000

续表

烃源岩等级	TOC（%）	(S_1+S_2)（mg/g）	氯仿沥青"A"（%）	HC（μg/g）
中等烃源岩	0.6~1	2~6	0.05~0.1	200~500
差烃源岩	0.4~0.6	0.5~2	0.01~0.05	100~200
非烃源岩	<0.4	<0.5	<0.01	<100

本次研究统计得到古近系各烃源岩层段有机质丰度参数，综合分析认为沙三段、沙一段+沙二段、东三段和东二下亚段烃源岩有机碳含量平均值、生烃潜量平均值、氯仿沥青"A"含量平均值和总烃含量平均值呈递减趋势，也就是说整体上由深到浅烃源岩质量逐渐变差（图2-5）。

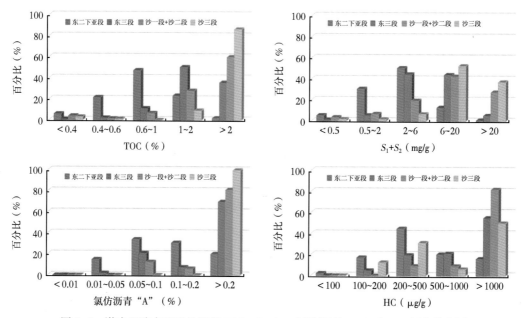

图2-5 渤中凹陷古近系烃源岩 TOC、S_1+S_2、氯仿沥青"A"和HC频率分布图

沙三段烃源岩有机质丰度最高，95.88%的样品有机碳含量大于1%（好烃源岩），86.60%的样品有机碳含量大于2%（很好烃源岩）；89.83%的样品生烃潜量大于6mg/g（好烃源岩），34.29%的样品生烃潜量大于20mg/g（很好烃源岩）；所有样品氯仿沥青"A"含量均大于0.2%（很好烃源岩）；56.25%的样品总烃含量大于500μg/g（好烃源岩），50.00%的样品总烃含量大于1000μg/g（很好烃源岩）。由此可以得出沙三段烃源岩为好—很好烃源岩。

沙一段+沙二段烃源岩有机质丰度较高，88.00%的样品有机碳含量大于1%（好烃源岩），60.00%的样品有机碳含量大于2%（很好烃源岩）；70.11%的样品生烃潜量大于6mg/g（好烃源岩），27.59%的样品生烃潜量大于20mg/g（很好烃源岩）；87.50%的样品氯仿沥青"A"含量大于0.1%（很好烃源岩），81.50%的样品氯仿沥青"A"含量大于0.2%（很好烃源岩）；90.81%的样品总烃含量大于500μg/g（好烃源岩），

81.82% 的样品总烃含量大于 1000μg/g（很好烃源岩）。由此可以得出沙一段+沙二段烃源岩为好烃源岩。

东三段烃源岩有机质丰度略低，86.09% 的样品有机碳含量大于 1%（好烃源岩），35.76% 的样品有机碳含量大于 2%（很好烃源岩）；49.28% 的样品生烃潜量大于 6mg/g（好烃源岩），只有 5.31% 的样品生烃潜量大于 20mg/g（很好烃源岩）；77.36% 的样品氯仿沥青 "A" 含量大于 0.1%（好烃源岩），69.81% 的样品氯仿沥青 "A" 含量大于 0.2%（很好烃源岩）；75.81% 的样品总烃含量大于 500μg/g（好烃源岩），54.84% 的样品总烃含量大于 1000μg/g（很好烃源岩）。由此可以得出东三段烃源岩为中等—好烃源岩。

东二下亚段烃源岩有机质丰度最低，74.82% 的样品有机碳含量小于 1%（好烃源岩），仅 1.88% 的样品有机碳含量大于 2%（很好烃源岩）；86.23% 的样品生烃潜量小于 6mg/g（好烃源岩），仅 0.78% 的样品生烃潜量大于 20mg/g（很好烃源岩）；51.06% 的样品氯仿沥青 "A" 含量大于 0.1%（好烃源岩），20.21% 的样品氯仿沥青 "A" 含量大于 0.2%（很好烃源岩）；36.17% 的样品总烃含量大于 500μg/g（好烃源岩），15.95% 的样品总烃含量大于 1000μg/g（很好烃源岩）。由此可以得出东二下亚段烃源岩为差—中等烃源岩。

二、有机质类型

有机质类型是评价烃源岩质量的重要指标，有机质类型的差异会影响烃源岩的生烃潜力和产物。生物的种类和数量取决于沉积环境，决定着烃源岩母质类型。同一层系不同部位由于沉积环境差异，有机质类型也存在差异。本文有机质类型划分采用三类四分法（表2-3），从干酪根元素组成、显微组分分析和岩石热解分析三方面对有机质类型进行综合评价。

表2-3 有机质类型划分标准（SY/T 5735—2019）

	Ⅰ型（腐泥型）	Ⅱ₁型（腐殖—腐泥型）	Ⅱ₂型（腐泥—腐殖型）	Ⅲ型（腐殖型）
H/C	>1.5	1.2~1.5	0.8~1.2	<0.8
O/C	<0.1	0.1~0.2	0.2~0.3	>0.3
壳质组（%）	70~90	50~70	10~50	<10
镜质组（%）	<10	10~20	20~70	70~90
TI	80~100	40~80	0~40	<0
HI（mg/g）	>700	350~700	150~350	<150

1. 干酪根元素组成

沉积有机质中干酪根能占到 80%~90%，干酪根的元素组成不仅反映有机质类型，还反映了有机质的演化程度，是判断干酪根类型和评价生烃能力的重要指标。通常根据干酪根的 H/C 和 O/C 值进行干酪根类型划分。对渤中凹陷古近系四个主要烃源岩层段 232 个干酪根元素分析数据表明：沙三段样点主要分布在 H/C 值 0.92~1.51，O/C 值 0.04~0.27 区域内，Ⅰ 和 Ⅱ 型均有分布，主要以 Ⅱ 型干酪根为主；沙一段+沙二段样点主要分布在 H/C 值 0.18~1.60，O/C 值 0.02~0.28 区域内，主要以 Ⅱ₁ 型干酪根为主；东三段样点主要分布在 H/C 值 0.30~1.46，O/C 值 0.04~0.36 区域内，II_1 和 II_2 型均有分布，以 II_1 型干酪根为主；东二下亚段样点主要分布在 H/C 值 0.66~1.18，O/C 值 0.07~0.29 区域内，II_1 和 II_2 型均有分布，以 II_2 型干酪根为主（图 2-6）。总体上随地层变新有机质类型呈变差趋势。

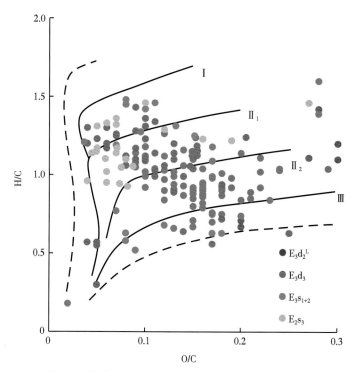

图 2-6　渤中凹陷古近系烃源岩 H/C—O/C 值范氏图

2. 干酪根显微组分

全岩显微组分分析是一种定量判定有机质类型的方法，不同的显微组分对应着不同的有机质。通过类型指数（TI）进行有机质类型划分，有机质类型判定据透射光—荧光干酪根显微组分鉴定及类型划分方法（SY/T 5125—2014）：Ⅰ 型 TI≥80，II_1 型 80>TI≥40，II_2 型 40>TI≥0，Ⅲ 型 TI<0。计算见下式：

$$TI = 100 \times a + 80 \times b_1 + 50 \times b_2 + (-10) \times c_1 + (-75) \times c_2 + (-100) \times d \qquad (2\text{-}1)$$

其中，TI 为类型指数；a 为腐泥组，%；b_1 为壳质组树脂体，%；b_2 为壳质组除树脂体外的组分，%；c_1 为富氢镜质体，%；c_2 为正常镜质体，%；d 为丝质体，%。

通过显微镜观察干酪根光学性质对有机组分进行识别与统计，获得各有机显微组分的相对含量（百分比），继而通过有机质类型指数（TI）计算并判定有机质类型。通过对古近系 388 个样点的显微组分分析和有机质类型指数（TI）计算可知：沙三段样点 TI 值为 37~87，为 II_1 型干酪根；沙一段+沙二段样点 TI 值为 33~87，为 II_1 型干酪根；东三段样点 TI 值为 17~73，II_1 型和 II_2 型均有分布，以 II_1 型为主；东二下亚段样点 TI 值也在 −59~64 之间，II_1 型、II_2 型和 Ⅲ 型均有分布，以 II_2 型为主（图 2-7）。

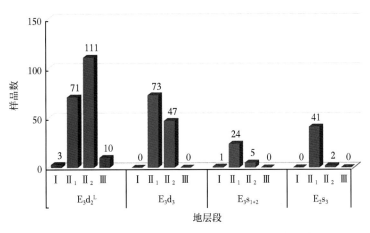

图 2-7 渤中凹陷古近系烃源岩有机质类型频率分布

渤中凹陷古近系 388 个烃源岩样品显微组分分析（图 2-8）表明沙三段、沙一段+沙二段、东三段和东二下亚段烃源岩均以壳质组和腐泥组为主，有机质类型好，具有较高的

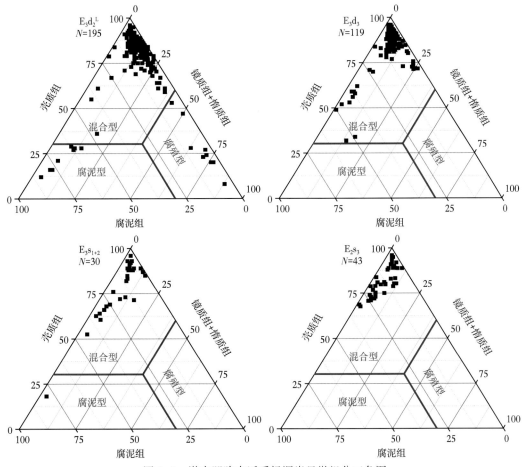

图 2-8 渤中凹陷古近系烃源岩显微组分三角图

生烃潜力。各烃源岩层段有机质类型存在差异，其中沙三段、沙一段+沙二段和东三段干酪根类型都是以 II_1 型为主，偏腐殖—腐泥混合型，东二下亚段干酪根类型以 II_2 型为主，偏腐泥—腐殖型。

3. 岩石热解分析

岩石热解参数广泛应用于烃源岩评价，氢指数（HI）结合热解峰温（T_{max}）也可进行有机质类型划分。统计古近系四套主力烃源岩 706 个样点的岩石热解数据，利用氢指数（HI）结合热解峰温（T_{max}）进行有机质类型划分，氢指数越高则有机质类型越好，生烃潜力越大。

热解实验结果表明：沙三段、沙一段+沙二段、东三段和东二下亚段烃源岩的热解峰温平均值及氢指数平均值分别为 441.19℃/504.25mg/g、433.10℃/458.73mg/g、432.54℃/348.17mg/g 和 423.35℃/275.63mg/g，整体上随地层变新呈递减趋势。沙三段干酪根类型为 I—II_1 型，以 II_1 型为主；沙一段+沙二段和东三段干酪根类型为 II_1—II_2 型，以 II_1 型为主；东二下亚段干酪根类型为 II_2—III 型，以 II_2 型为主（图2-9）。

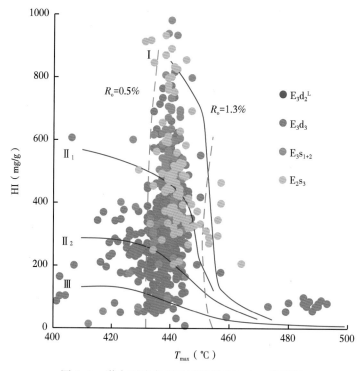

图 2-9　渤中凹陷古近系烃源岩 HI—T_{max} 范氏图

黄第藩和李晋超（1982）认为，干酪根的类型可能会随着排烃过程而改变，在样品熟化程度较高时，仅靠 H/C 值和 O/C 值、HI 和 OI 会较难区分，提出了基于 S_2/S_3 与 HI 和 OI 的关系的干酪根类型 X 形图解，按照三类五分的原则给出了具体的划分界限。由图 2-10 可见，沙河街组干酪根类型除部分腐泥型外，多为含腐殖的腐泥型和腐殖—腐泥型；东营组则多为腐殖—腐泥型和含腐泥的腐殖型，少数腐殖型。

综合以上有机质类型分析可知,渤中凹陷四套烃源岩层的干酪根类型都为混合型,整体以Ⅱ型为主,沙三段、沙一段+沙二段和东三段以Ⅱ₁型为主,东二下亚段以Ⅱ₂型为主。

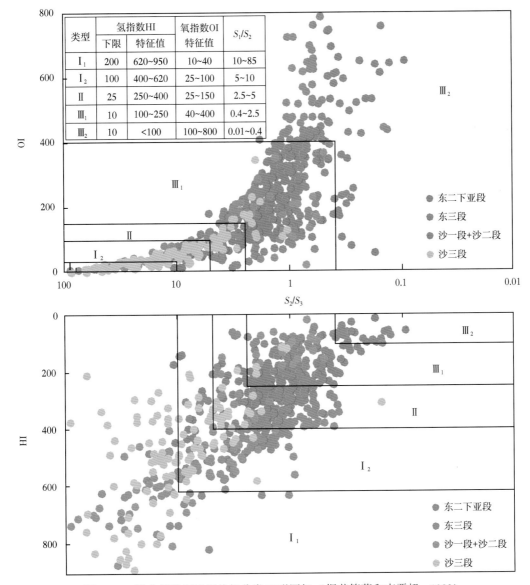

图2-10 渤中凹陷干酪根热解分类 X 形图解(据黄第藩和李晋超,1982)

I₁—标准腐泥型;I₂—含腐殖的腐泥型;Ⅱ—腐殖—腐泥型;Ⅲ₁—含腐泥的腐殖型;Ⅲ₂—标准腐殖型

三、有机质成熟度

烃源岩成熟度评价是确定有机质热演化程度和有效烃源岩范围的基础。本节通过分析干酪根镜质组反射率(R_o,%)和烃源岩热解峰温(T_{max},℃)来衡量。

1. 镜质组反射率（R_o）

镜质组反射率（R_o）是反映有机质成熟度最为有效的参数。一般认为 $R_o<0.55\%$，未熟阶段；$0.55\%<R_o<1.3\%$，成熟阶段，生油；$1.3\%<R_o<2.0\%$，凝析气—湿气阶段；$2.0\%<R_o<4.0\%$，干气阶段；$R_o>4.0\%$，过熟阶段。通过对渤中凹陷古近系 690 个实测 R_o 数据分析可知，沙三段、沙一段+沙二段、东三段和东二下亚段四套烃源岩层段 R_o 都集中分布于 $0.55\%\sim1.3\%$ 之间，占比分别为 89.58%、77.42%、83.33% 和 79.19%，热演化程度较高的样品（$R_o>1.3\%$）数较少（图 2-11）。

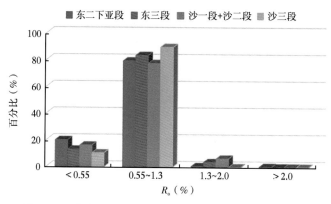

图 2-11 渤中凹陷古近系烃源岩镜质组反射率频率分布

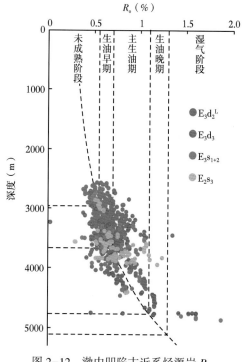

图 2-12 渤中凹陷古近系烃源岩 R_o 随深度分布与变化趋势

通过对 R_o 随深度的分布和变化趋势分析可知，沙三段取样点主要分布在 3000m 附近和 $3500\sim4000$m 两个范围，对应的 R_o 值分别为 $0.55\%\sim0.7\%$ 和 $0.55\%\sim1.3\%$，处于生油早期—主生油期—生油晚期，尚未进入大量生气阶段。沙一段+沙二段和东三段与沙三段基本类似，但是埋深处于 4800m 样点（靠近凹陷中心，在 BZ21-2-1 井附近）的 R_o 值在 $1.3\%\sim2.0\%$ 之间，进入生湿气阶段。东二下亚段取样点主要分布在 $2600\sim4300$m 范围内，对应的 R_o 值在 $0.35\%\sim1.1\%$ 之间，处于生油早期及主生油期，未进入生气阶段（图 2-12）。由于取样点多分布在凹陷内的次凸起及斜坡位置，因此实测 R_o 值只能反映构造高部位的烃源岩成熟度，对于凹陷内的无井区烃源岩成熟度，需要通过热演化模拟来进行分析。

2. 岩石热解峰温（T_{max}）

岩石热解参数有很多反映成熟度的指标，一般随埋深增加，T_{max} 增大，$S_1/(S_1+S_2)$ 增大，TOC 减小，HI 减小，OI 不明显下降。一般情况下 T_{max} 越大，烃源岩成熟度越高，但 T_{max} 除了取决于热演化程度外，还受有机质类型的影响。一般认为 $T_{max}<435℃$ 为未熟阶段；$435℃<T_{max}<455℃$ 为成熟阶段；$T_{max}>455℃$ 为高成熟及过成熟阶段。文中采用邬立言等（1986）提出的烃源岩不同演化阶段的 T_{max} 范围划分依据（表 2-4）。

表 2-4　中国各类烃源岩不同演化阶段的 T_{max} 范围

成熟度		未成熟	生油	凝析油	湿气	干气
R_o（%）		<0.5	0.5~1.3	1.0~1.5	1.3~2.0	>2.0
T_{max}（℃）	Ⅰ型干酪根	<437	437~460	450~465	460~490	>490
	Ⅱ型干酪根	<435	435~455	447~460	455~490	>490
	Ⅲ型干酪根	<432	432~460	455~470	460~505	>505

渤中凹陷干酪根类型主要为Ⅱ类，通过对凹陷内古近系四套烃源岩层 711 个样点的热解峰温（T_{max}）统计发现，沙三段样点主要分布在 3000~4500m，T_{max} 值主要在 430~450℃，处于未成熟—成熟阶段，埋深大于 3800m 的部分样点 T_{max} 值大于 455℃，进入生湿气阶段。沙一段+沙二段样点主要分布在 2800~4500m，T_{max} 值均小于 455℃，处于未成熟—成熟阶段。东三段样点主要分布在 2800~4800m，T_{max} 值主要在 425~450℃，处于未成熟—成熟阶段，当埋深大于 4300m 时，部分样点 T_{max} 值大于 455℃，进入生湿气阶段。东二下亚段样点均在 4000m 以上，T_{max} 值均小于 455℃，处于未成熟—成熟阶段（图 2-13）。

综合以上地球化学指标分析，渤中凹陷古近系四套烃源岩干酪根类型主要为Ⅱ型。沙三段烃源岩有机质丰度最高，具有很大的生烃潜力；东二下亚段烃源岩有机质丰度最低，生烃潜力最差，生烃潜力区位于北洼与主洼之间。沙三段、沙一段+沙二段和东三段 R_o 值基本小于 1.3%，处于生油期，尚未进入大量生气阶段，部分埋深较大处（大于 4800m）R_o 值大于 1.3%，进入生湿气阶段。东二下亚段 R_o 值为 0.35%~1.1%，处于生油早期及主生油期。

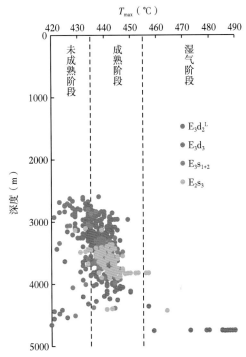

图 2-13　渤中凹陷古近系烃源岩 T_{max}
随深度分布与变化趋势

第三节 油气源特征

一、原油的地球化学特征

1. 原油物性特征

渤中凹陷原油包括凝析油和与气藏伴生的正常油，多具有低密度、低黏度、高含蜡量和高气油比的特征。原油物性数据表明：凝析油密度为 0.75~0.81g/cm³；黏度为 0.80~3.73mPa·s，小于正常油；气油比为 245~3488m³/m³，远大于正常油。特别是渤中 19-6 深层原油低密度、高含蜡量和低沥青质的特点在一定程度上反映原油可能经历了天然气的气洗过程。从埋深分布来看（图 2-14），凝析油埋深较大，更多存在于深层，埋深普遍大于 3000m。重质原油（$\rho>0.9162g/cm^3$）都分布在凸起构造浅层，埋深小于 1850m，表明 1850m 可能是渤中凹陷生物降解作用的界限，因为生物降解发生的温度一般不超过 80℃。

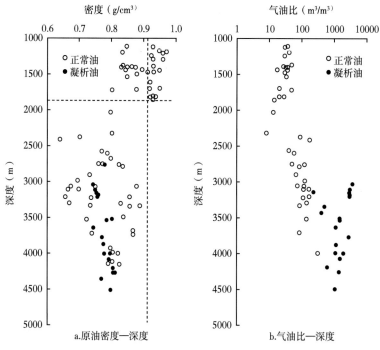

图 2-14 渤中凹陷原油密度—深度、气油比—深度关系图

2. 原油族组分特征

渤中凹陷凝析油族组分中饱和烃变化范围大、含量高（40.05%~98.36%）；非烃+沥青质含量低（0~27.30%）；饱和烃/芳烃值高（6.96~59.98）。正常油饱和烃含量稍低，重质油饱和烃含量较低（小于50.00%）。凹陷内原油都表现为饱和烃含量高、非烃+沥青质含量低的特征（图2-15）。

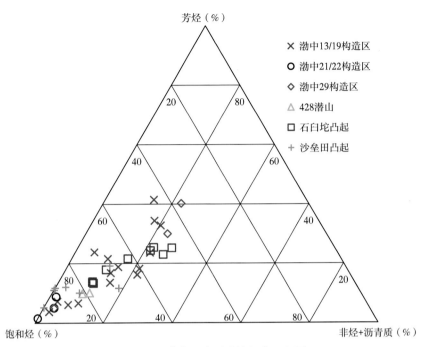

图 2-15　渤中凹陷原油族组分三角图

3. 原油碳同位素组成

碳同位素组成取决于原始有机质性质、赋存环境和演化程度，不同沉积环境、不同有机质来源都会导致碳同位素的显著差异（Peters 等，2005）。不同成因原油碳同位素组成存在明显差异，直观反映母质类型。不同来源和沉积环境的碳同位素值存在差异，随碳数和成熟度增加，重碳相对富集，可用于油气源对比分析。一般而言，同一样品的干酪根、沥青质、非烃、芳烃和饱和烃的碳同位素值依次减小，即 $\delta^{13}C_{Ker} \geqslant \delta^{13}C_{Asp} \geqslant \delta^{13}C_{oil}$，$\delta^{13}C_{Ker} \geqslant \delta^{13}C_{Asp} \geqslant \delta^{13}C_{n-Pn} \geqslant \delta^{13}C_{Ar} \geqslant \delta^{13}C_{Pn}$。渤中凹陷不同构造区的全油碳同位素略有差异，凝析油全油碳同位素分布范围为 $-29.60‰ \sim -25.40‰$，CFE18-2E-1（Ar，埋深 3690.00 ~ 3774.53m）全油碳同位素偏轻，为 $-29.60‰$，BZ22-2-1ST 全油碳同位素偏重，为 $-25.40‰$。

二、天然气的地球化学特征

1. 天然气组分特征

天然气组成包括烃类组分和非烃类组分。根据烃类组分中干燥系数（$C_1/\Sigma C_{1-5}$）将天然气分为干气（$C_1/\Sigma C_{1-5} > 95\%$）和湿气（$C_1/\Sigma C_{1-5} < 95\%$）两种类型。研究发现，渤中凹陷不同构造单元、不同含气层间天然气组分存在差异，天然气在新近系馆陶组到前新生界古潜山储层内均有分布，以烃类组分为主，CH_4 含量为 40.04% ~ 99.47%，干燥系数为 64.22% ~ 99.87%。以 1850m 深度为界，1850m 以浅以干气为主，以深以湿气为主，与重质原油（$\rho > 0.92g/cm^3$）分布于 1850m 以浅的规律相似，1850m 应该是生物降解的界限。

各构造区深层（东营组及其下伏地层）天然气均表现为湿气，浅层明化镇组天然气均表现出干气特征，馆陶组天然气除 428 潜山构造为干气外，其余构造均为湿气。非烃组分主要为 CO_2 和 N_2，含量分别为 0~34.60% 和 0~14.33%。非烃组分含量较高的天然气仅存在于部分井，如渤中 13/19 构造区的 BZ13-1-3 井沙一段天然气 CO_2 含量高达 32.89%，渤中 21/22 构造区的 BZ22-2-1 井奥陶系天然气 CO_2 含量高达 48.92%，按照气藏分类标准（SY/T 6168—2009）均属于高含 CO_2 气藏；而中—高含 N_2 气藏只发现于 BZ8 井古生界，N_2 含量最高可达 14.33%。

2. 天然气碳同位素特征

不同成因天然气的碳同位素特征存在显著差异。甲烷碳同位素受成熟度影响较大，随烃源岩成熟度增加有变重趋势；乙烷碳同位素受烃源岩母质类型影响较小，相对稳定，因此可用重烃碳同位素值判断天然气成因类型，通常煤型气：$-43‰<\delta^{13}C_1<-10‰$，$\delta^{13}C_2>-25.1‰$，$\delta^{13}C_3>-23.2‰$；油型气：$-55‰<\delta^{13}C_1<-30‰$，$\delta^{13}C_2<-28.8‰$，$\delta^{13}C_3<-25.5‰$（戴金星，1999）。碳同位素分布特征（图 2-16）反映出渤中凹陷天然气总体为油型气。

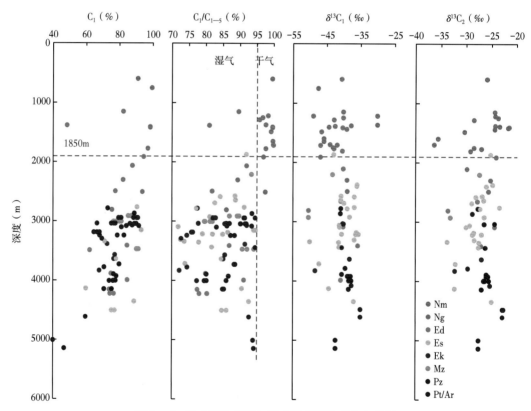

图 2-16　渤中凹陷天然气组分及碳同位素分布特征

三、油气源对比

1. 原油热成熟度

图 2-17 显示渤中凹陷深层原油的 $C_{29}20S/(20S+20R)$ 值为 $0.45 \sim 0.58$，五个样品达到或超过平衡区间 $(0.52 \sim 0.55)$。$C_{29}\beta\beta/(\beta\beta+\alpha\alpha)$ 值为 $0.39 \sim 0.58$，与生油窗成熟度较为一致，反映原油多来自 R_o 值为 $0.6\% \sim 0.8\%$ 的烃源岩，属早期生油产物。

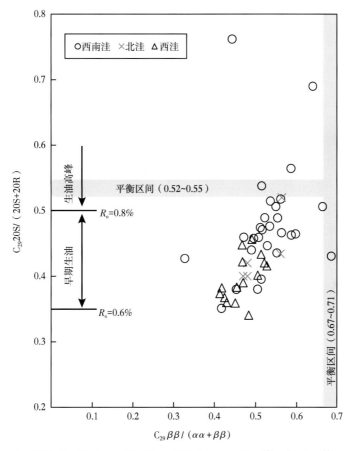

图 2-17 原油 $C_{29}\beta\beta/(\alpha\alpha+\beta\beta)$ 与 $C_{29}20S/(20S+20R)$ 值（据 Hao 等，2009）

2. 天然气热成熟度

随烃源岩成熟度增加，天然气中甲烷含量增加。天然气成熟度反映了烃源岩的热演化程度。戴金星（1985，1989）给出了中国天然气 $\delta^{13}C_1$—R_o 和 $\delta^{13}C_2$—R_o 的回归方程。煤成气：$\delta^{13}C_1 = 14.12\lg R_o - 34.39$，$\delta^{13}C_2 = 8.16\lg R_o - 25.71$；油型气：$\delta^{13}C_1 = 15.80\lg R_o - 42.20$。

渤中凹陷天然气多为油型气，按照油型气 $\delta^{13}C_1$—R_o 方程计算天然气成熟度（图 2-18），结果表明渤中凹陷天然气成熟度为 $0.29\% \sim 2.73\%$。渤中 13/19 构造区天然气为成熟气；渤中 21/22 构造区天然气为成熟—高成熟天然气；渤中 29 构造区天然气为成熟—高成熟天然气；428 潜山天然气为低成熟—高成熟天然气。

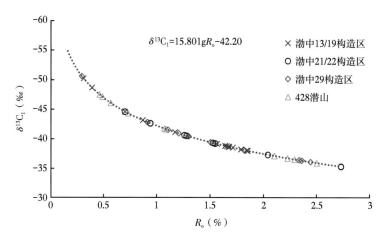

图 2-18　$\delta^{13}C_1$—R_o 经验关系计算渤中凹陷油型气成熟度

3. 天然气成因

渤中凹陷几个深层勘探区块中，由于 BZ19-6、BZ21/22 和 CFD18-1/2 井区天然气目前代表了渤中凹陷深层天然气的全部类型，具复杂成因。

$\delta^{13}C_1$—$C_1/$（C_2+C_3）交会显示渤中凹陷深层天然气主要为伴生气和凝析油伴生气（图 2-19）。与渤海湾盆地东濮凹陷文留地区典型煤层气相比，有着较为显著的地球化学特征差异。从目前钻井揭示数据来看，综合比较证实渤中凹陷深层天然气以热成因的原油伴生气为主。

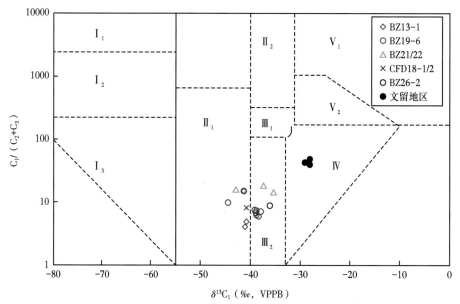

图 2-19　渤中凹陷深层天然气甲烷的 $\delta^{13}C_1$—$C_1/$（C_2+C_3）图

I_1—生物气；I_2—生物气和亚生物气；I_3—亚生物气；II_1—伴生气；II_2—油型裂解生气；III_1—油型裂解生气和煤型气；III_2—凝析油伴生气和煤型气；IV—煤型气；V_1—无机气；V_2—无机气和煤型气

　　图 2-20 显示渤中凹陷深层天然气样品数据均落在了"热成因气"的区域内，表明渤中凹陷深层天然气有来自优质烃源岩热裂解的部分贡献。通过乙烷、丙烷组分与碳同位素鉴定干酪根裂解气以及原油裂解气鉴定图版同样夯实了渤中凹陷深层天然气为干酪根裂解气的观点。将渤中凹陷浅层天然气数据投影在图版中，呈现出较为明显的规律：渤中凹陷天然气从深埋烃源岩运移到距离其最近的深层储层再运移至浅层，纵向上几乎构成了直线关系，反映了渤中凹陷深层与浅层天然气两者之间存在有明显的运移分馏关系。

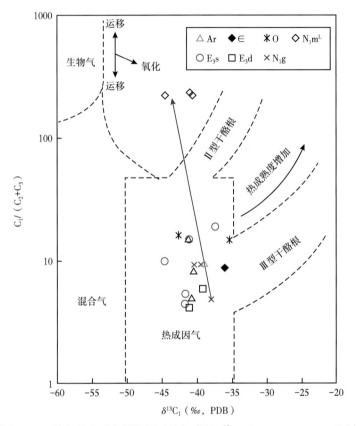

图 2-20　渤中凹陷西南部深层天然气成因 $\delta^{13}C_1$ 和 $C_1/(C_2+C_3)$ 鉴别

　　图 2-21 显示渤中凹陷深层天然气不仅发生了同源多期天然气混合，而且 BZ19-6 和 BZ21/22 井区天然气部分点在瑞利分馏曲线附近有分布，指示在 250~300℃，有水和过度金属的环境中发生了瑞利分馏。渤中凹陷深层油气藏具备瑞利分馏的条件，BZ19-6 和 BZ21/22 井区深层包裹体均一温度值显示有大于 200℃的流体包裹体存在（图 2-22）。

4. 油气来源分析

　　图 2-23 显示渤中凹陷 BZ19-6 井区中 BZ19-6-1 井与其他井中烃源岩的干酪根与原油和沥青的碳同位素比值范围差距较明显，表明 BZ19-6 井区原油与本区烃源岩的亲缘关系较差，异地优质烃源岩生烃后运移至此成藏的可能性较大。CFD18-1/2 井区 CFD18-2N-1 井原油和沥青碳同位素组成范围差距较小，来自本区域优质烃源岩的可能性较大。原油碳同位素与 Pr/Ph 值进一步显示（图 2-24），BZ19-6 井区中 BZ19-6-10 井、BZ19-6-13 井

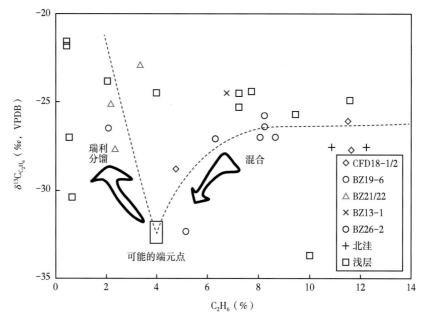

图 2-21 渤中凹陷天然气充注混合和瑞利分馏 $\delta^{13}C_2$—C_2H_6 交会统计图

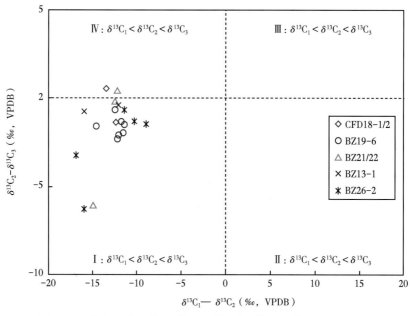

图 2-22 渤中凹陷天然气 $\delta^{13}C_1$—$\delta^{13}C_2$ 与 $\delta^{13}C_2$—$\delta^{13}C_3$ 交会统计图

和 BZ19-6-14 井原油来源相同；QHD36-3 井区中 QHD36-3-2 井和 QHD36-3-1 井原油来源一致；渤中凹陷西南部 BZ19-6 井区与北部 QHD36-3 井区原油油源差异显著，为不同烃源岩生、排供烃的结果。

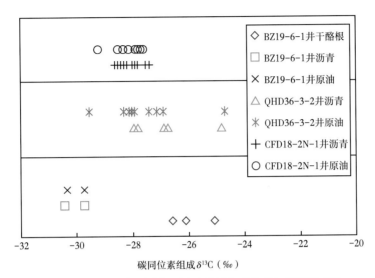

图 2-23　渤中凹陷不同井区原油碳同位素组成与烃源岩对比

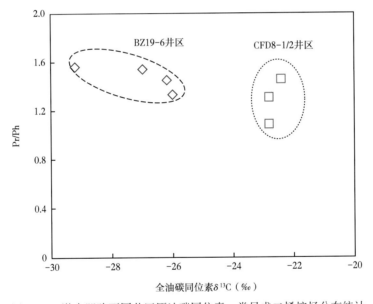

图 2-24　渤中凹陷不同井区原油碳同位素—类异戊二烯烷烃分布统计

利用多种地球化学参数可对渤中凹陷不同沉积环境下沉积的东营组和沙河街组烃源岩进行有效区分，如：C_{19}/C_{23} 三环萜烷，C_{24} 四环萜烷/C_{26} 三环萜烷，$C_{27}\beta\alpha$（20R+20S）重排甾烷/$C_{27}\alpha\beta\beta$（20R+20S）甾烷，C_{23} 三环萜烷/$\alpha\beta C_{30}$ 藿烷，C_{27} 甾烷/C_{29} 甾烷，C_{28} 甾烷/C_{29} 甾烷，C_{35}22S/C_{34}22S 藿烷，ETR，4—甲基甾烷指数。

图 2-25 显示渤中凹陷烃源岩样品 C_{24} 四环萜烷/C_{26} 三环萜烷与 C_{19}/C_{23} 三环萜烷值有着较好的正相关性，同时，该参数能够很好地将 E_3d_3 烃源岩与 Es（E_2s_3 和 E_3s_{1+2}）烃源岩区分开。将渤中凹陷中不同次洼和重点井区中深层原油进行投点发现，西南洼 BZ19-6 井

区原油多数点落在了本地区烃源岩范围之外（图 2-25a），这与原油来自非本地烃源岩的结果相一致（图 2-25），按照原油参数趋势推测该井区原油多来自沙河街组优质烃源岩，尚不能完全排除有来自西南洼和南洼东营组烃源岩的混入。西南部 BZ21/22 井区、BZ26-2 井区和北洼深层原油主要来自沙河街组烃源岩（图 2-25b、c），其中北洼深层原油部分可能有东营组烃源岩的混染。西洼原油多来自 E_3d_3 烃源岩，部分来自沙河街组烃源岩的（图 2-25d）。

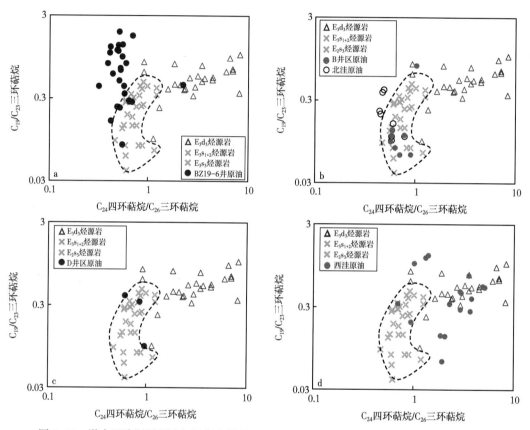

图 2-25　渤中凹陷深层原油与烃源岩样品 C_{24} 四环萜烷/C_{26} 三环萜烷—C_{19}/C_{23} 三环萜烷图
黑色虚线框为沙河街组烃源岩参数范围

基于渤中凹陷不同次洼进行分类统计发现，北洼和西洼烃源岩 $C_{27}\sim C_{29}$ 常规甾烷参数值多数位于红色虚线中，西南洼和南洼烃源岩该参数值多数落于绿色虚线框内（图 2-26）。图 2-26a 显示渤中凹陷西南洼 BZ19-6、BZ21/22 井区深层原油投点多数位于绿色虚线中，显著指示该井区原油多数来自西南洼和南洼优质烃源岩；BZ19-6-1、BZ19-6-2 和 BZ19-6-15 井潜山原油投点落在绿色虚线外，推测可能有部分原油来自主洼烃源岩，使该井区出现异常值。图 2-26b 显示西南洼 BZ26-2 井区深层原油主要来自南洼和主洼烃源岩。凹陷西洼原油来自其原位烃源岩的可能性较大，原油与干酪根同位素这一证据耦合证实了渤中凹陷西洼自生烃源岩的贡献度较大，但也不排除有主洼烃源岩的贡献。图 2-26d 显示北洼深层原油主要来自其原位烃源岩，结合渤中凹陷主力烃源岩发育展布特征，北洼深层原油主要来自自身烃源岩和主注烃源岩。

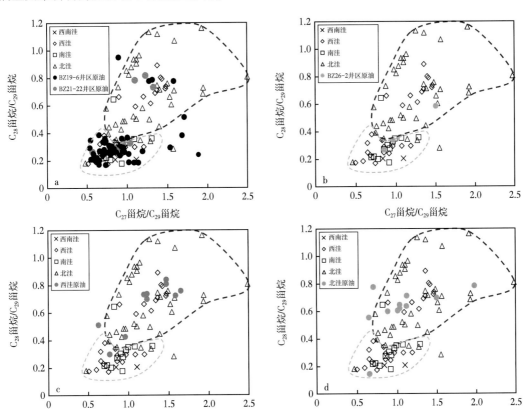

图 2-26　深层原油与不同次洼烃源岩样品 C_{27} 甾烷/C_{29} 甾烷—C_{28} 甾烷/C_{29} 甾烷比值图

第四节　生烃演化特征

盆地和含油气系统模拟技术基于油气地质理论，通过计算机技术定量模拟含油气盆地的形成与演化，油气的生成、运移和聚集，当前在油气地质综合研究、勘探风险评估和资源前景评价中有着广泛应用。本节基于 PetroMod 软件，通过生烃动力学模型的修正，建立了渤中凹陷的生烃热演化模型，分析烃源岩热演化与成烃过程。

一、参数检验与标定

将研究区 48 口井实测静温、静压和镜质组反射率数据与一维模拟结果进行对比和标定，以检验模拟结果的可靠性。对比发现模拟结果与实测数据匹配性好，温度、压力和镜质组反射率都有很高的符合度，认为模拟结果可信。以不同构造的实测温度、压力和镜质组反射率数据较多的 BZ19-6-1 井、BZ23-3-1 井、CFD6-4-1 井和 QHD36-3-2 井为例，对模拟结果的检验与标定进行展示（图 2-27）。

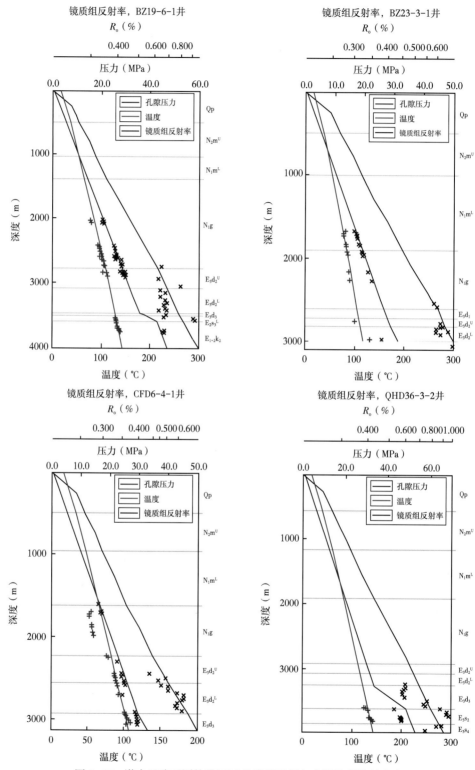

图 2-27　渤中凹陷不同构造四口井模拟结果与实测数据的符合度

二、现今热演化特征

从烃源岩热演化模拟结果（图2-28）来看，渤中凹陷现今烃源岩热演化程度较高，凹陷深部沙河街组烃源岩呈现大面积的干气区，各次洼沙三段烃源岩均已进入湿气阶段，达到高成熟—过成熟演化阶段，凹陷中心已大范围进入干气阶段，甚至在局部进入过成熟阶段。各次洼沙一段+沙二段烃源岩均已达到生油高峰，普遍处于中—高成熟甚至过成熟阶段，烃源岩大范围进入湿气阶段，但范围比沙三段小，只有主洼中心部位进入干气阶段。东三段烃源岩绝大部分都进入生烃门限，主洼、西洼和西南洼东三段烃源岩进入湿气阶段，北洼东三段烃源岩仍处于成熟生油阶段。东二下亚段热演化程度最低，普遍处于生油高峰期，仅在主洼中心小范围进入湿气阶段。因此，凹陷深部沙三段和沙一段+沙二段现今阶段是良好的天然气烃源岩。东三段和东二下亚段虽多处于生油高峰期，但也有伴生气生成。

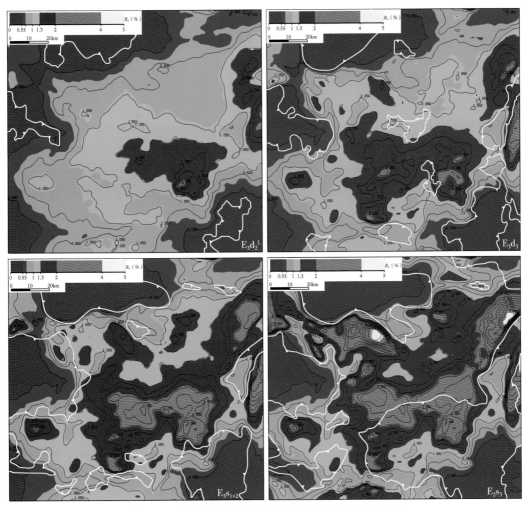

图2-28 渤中凹陷四套烃源岩底部现今热演化程度图

热演化模拟结果表明渤中凹陷四套烃源岩均已进入生烃门限，生烃门限深度在 2500m 左右，与上文实测 R_o 值反映的深度大体一致，只不过各次洼进入生烃门限的时间有所不同。从凹陷边缘到凹陷中心选取了五口井进行埋藏史—热史分析，包括三口实钻井和两口虚拟井（图 2-29）。

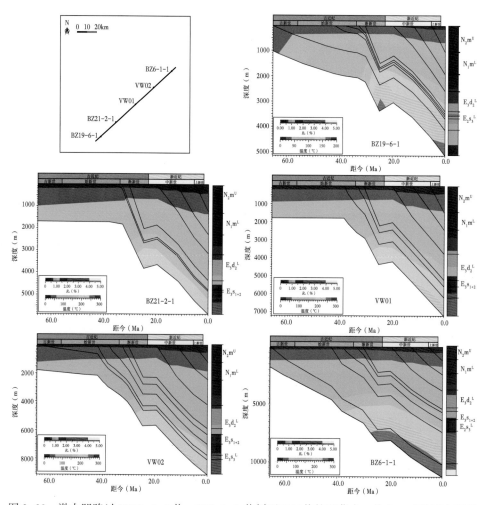

图 2-29 渤中凹陷过 BZ19-6-1 井—BZ6-1-1 井剖面五口井的埋藏史—热史—成熟度史剖面

BZ19-6-1 井位于渤中凹陷西南部渤中低凸起渤中 13/19 构造区，该低凸起构造为主洼、西南洼和南洼所夹持。地层埋深浅，热演化程度较低，现今馆陶组底部处于生油早期阶段；沙三段烃源岩处于主生油期。BZ19-6-1 井沙三段、沙一段+沙二段、东三段和东二下亚段烃源岩层段都相对较薄，进入生烃门限的时间接近，集中在 21—19Ma。

BZ21-2-1 井位于渤南低凸起以北渤中 21/22 构造区，沙一段直接上覆于潜山之上，现今馆陶组部分处于生油早期，底部进入主生油期；东二下亚段及东三段上部处于生油晚期；东三段底部已经达到相对高的成熟度（R_o>3.0%），进入湿气阶段。沙一段+沙二段、东三段和东二下亚段烃源岩进入生烃门限的时间集中在 28—26Ma，比 BZ19-6-1 井更早进入生烃门限。

VW01 井靠近渤中凹陷沉积中心，沙一段+沙二段直接披覆于潜山顶部，馆陶组下部处于生油早期至主生油期，东二下亚段底部进入湿气阶段，沙一段+沙二段下部埋深达6000m，温度接近 200℃，进入干气阶段。

VW02 井处于渤中凹陷沉积中心附近，沙河街组和孔店组都有保存，现今沙一段+沙二段顶处于湿气阶段，沙三段下部埋深近 7500m，处于干气阶段。

BZ6-1-1 井钻至 4469m 尚未钻穿东二下亚段，将其下部延伸转换为虚拟井并进行模拟，由于埋深大，从东三段底部开始进入湿气阶段，沙三段下部进入干气阶段。由于该井位更靠近凹陷沉降中心，沙三段、沙一段+沙二段、东三段和东二下亚段烃源岩进入生烃门限的时间分别为距今 33Ma、29Ma、28Ma 和 25Ma。

从以上五口井烃源岩成熟度史单井模拟来看，自凹陷边缘至中心部位，烃源岩成熟度逐渐增大，近凹陷中心的东三段烃源岩已进入生气阶段，由此也可推测渤中 19-6 构造的天然气部分来自凹陷深部。从进入生烃门限的时间来看，越靠近凹陷中心部位，进入生烃门限时间越早。

为更直观对比渤中凹陷烃源岩横向热演化程度的差异性，选取了过以上三口井的剖面做热演化恢复模拟（图 2-30），展示了新生界不同层位、不同时期、不同区域烃源岩热演化程度的差异性。沙三段、沙一段+沙二段和东三段烃源岩现今热演化程度高，自凹陷中心至周缘凸起构造，各段烃源岩镜质组反射率均呈减小趋势。渤中凹陷斜坡带及靠近凹陷中心区域沙河街组烃源岩处于湿气阶段，部分进入干气阶段，且仍在持续供烃；东营组烃源岩多处于生油期，部分进入湿气阶段，也在不断供烃。东三段烃源岩距今 12Ma 仍处于生油期，距今 5.1Ma 开始进入生气阶段；沙河街组烃源岩距今 12Ma 已经进入生气期，距今 5.1Ma 后大量生气，烃源岩大规模生气发生在距今 5.1Ma 之后。凹陷边缘的渤中 19-6 构造区，各主要烃源岩层段厚度小，生烃能力差，且至今仍未进入生气阶段，目前已发现

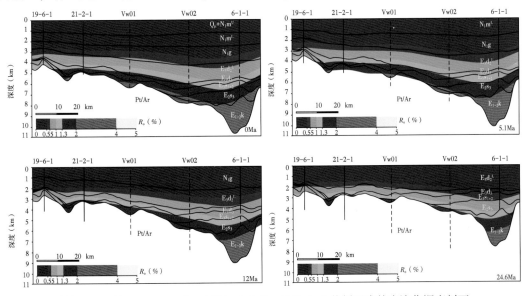

图 2-30　过 BZ19-6-1 井、BZ21-2-1 井、BZ6-1-1 井剖面成熟度演化深度剖面

的千亿立方米天然气规模必然是由相邻洼陷运移而来。

第五节 成 烃 机 理

一、深层成烃影响因素

油气的生成与温度和时间密切相关，油气的运移、聚集、成藏与压力关联紧密。开展温度场和压力场的研究，探讨能量场和油气生成、运移、聚集的关系，有助于分析成烃与成藏。通常深层高温环境有利于烃源岩的成熟和生烃，随埋深增加，在欠压实和生烃增压等因素作用下，深部泥岩层段超压发育，渤中凹陷深层高温高压必然会对烃源岩成烃演化产生重要影响。

1. 温度对成烃影响

油气的形成与温度和时间密切相关，油气的运移、聚集、成藏与压力关联紧密，开展温度场和压力场的研究，探讨能量场和油气运聚的关系，有助于分析成烃与成藏。温度是有机质演化过程中最重要的因素，温度场研究包括地层温度随深度变化特征、地温梯度特征以及大地热流特征等，较高的热背景是形成富烃凹陷的重要条件（刘池阳等，2014）。

有机质需要一定的演化时限（达到最高受热温度之前经历不断增温的持续时间），时间越长，演化程度越高。基于 Tissot 的时温补偿原理，短时高温和长时低温可能达到同样的演化程度。干酪根热降解生成油气的反应速率与温度呈指数关系，干酪根裂解生成油气需要达到生烃门限温度，烃源岩越新，生烃门限温度越高；烃源岩越老，生烃门限温度越低。温度场为有机质热演化提供能量，影响着成岩演化和烃源岩热演化程度与速率，高地温梯度有利于有机质转化为油气。

已有研究表明渤中凹陷晚期的大量生烃与渐新纪以来热流值的降低有密切联系（米立军，2001）。渤海海域现今地温场研究结果表明渤海海域具有相对较高的地热背景值，按照渤海海域恒温带深度取 10m、恒温带温度取 13℃ 计算地温梯度，平均地温梯度为 38℃/km，平均大地热流为 63.60mW/m² （陈墨香等，1984）。由于渤中凹陷埋深大、热导率高，导致地温梯度（22~32℃/km）要小于渤海湾其他凹陷（28~40℃/km），在一定程度上也导致了渤中凹陷生油窗更深。渤中凹陷内各构造地温梯度存在差别，不同构造地温梯度存在一定差异，同一构造不同地层地温梯度也不尽相同，周缘凸起构造上地温梯度要大于凹陷中心的地温梯度，凸起构造地温梯度大于 3℃/100m，凹陷内地温梯度约为 2~3℃/100m，且随埋深增加，地温梯度有变小的趋势，总体上属于中地温梯度区。

温度场是地球内部热能在地壳上的分布规律，现今温度场是古温度场演化的最终体现，现今温度场研究主要基于地层实测温度，据实测温度与深度关系可以发现，渤中凹陷地层温度与埋深之间具有很好的线性关系，温度随埋深增加而升高（图 2-31）。

四套烃源岩现今温度场显然温度与埋深直接相关，埋深越大，温度越高。沙三段现今地温分布以渤中凹陷主洼、西洼和渤东凹陷为高温中心，普遍在 180℃ 以上，渤东凹陷处最高

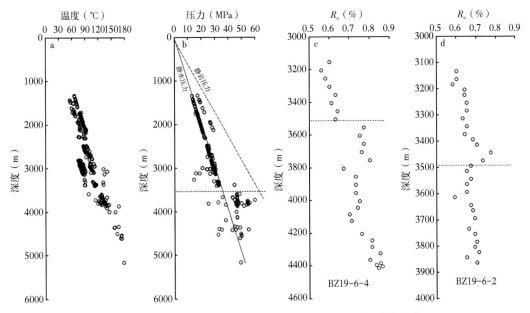

图 2-31　渤中凹陷实测温压剖面与典型井 R_o 随埋深变化趋势

可达 275℃，西南洼和北洼温度略低，向周缘构造高的位置递减。沙一段+沙二段现今地温以渤中主洼和渤东凹陷为高温中心，最高达 250℃，同样向周缘递减。东营组高温范围分布较小，也没有表现出明显的高温特征，整体趋势仍是以渤中主洼为中心向周缘减小。

渤中凹陷沙三段地质历史时期古温度场恢复如图 2-32 所示。温度模拟结果显示，高温从埋深较大的洼陷内开始出现，并随埋深增大而增大。现今高温集中在凹陷深部，凹陷内沙三段烃源岩现今温度普遍超过 180℃，主洼和西洼温度高达 220~240℃，西南洼温度略低，凹陷周缘构造高部位温度最低，多处于 140~160℃。渤中凹陷目前已发现的埋深最大（5141m）、温度最高（180℃）的气藏在渤中 21/22 构造。高温有利于有机质转化，促进生烃；也有利于形成异常高压，降低流体黏度，促进排烃。

2. 压力对成烃影响

沉积盆地中常见异常压力现象，一般认为高压对体积增大的裂解是不利的，对有机质演化、烃类的裂解和油气生成有抑制作用（郝芳等，2006）。异常压力是油气运移的重要驱动力，是油气初次运移的有利条件。流体运移与过剩压力有关，压力场（主要是过剩压力）直接影响着流体运移的方向和速率，最终影响油气聚集。压力对有机质演化和生烃的抑制作用包括多方面，随着压力增加，反应活化能增加，生烃速率变慢；异常高压的存在，表明地层有较强的封闭性。

渐新世以来渤中凹陷持续沉降不仅形成了东营组巨厚的泥岩沉积，也使得沙河街组和东营组的泥岩深埋成为成熟烃源岩，现今凹陷中心部位均已进入生气阶段，凹陷周缘多处于生油阶段。快速沉降导致沉积物欠压实，使得沙河街组和东营组泥岩层段普遍发育超压。快速沉降的同时，凹陷内断裂系统并不发育，新构造运动以来浅层形成的晚期复杂断裂并未破坏深层超压系统，有利于超压的保存（薛永安等，2007）。渤中凹陷许多钻井也

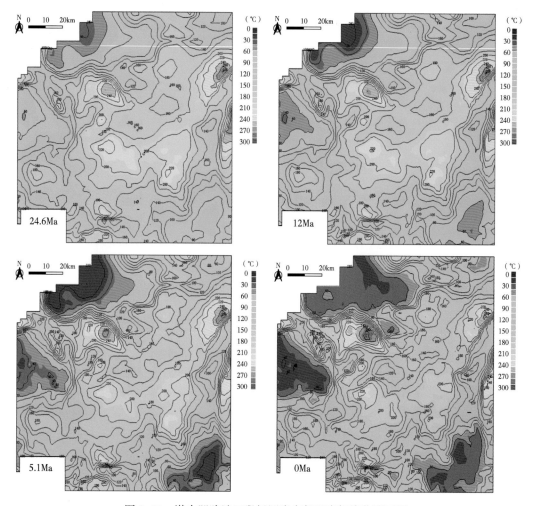

图 2-32　渤中凹陷沙三段烃源岩底部温度场演化平面图

揭示了该区普遍存在超压（图 2-33）。

　　流体压力的获取途径主要有实测压力、泥岩压实曲线及含油气系统模拟等方法。实测静压能直观反映现今地层压力，但受限于钻井数量和测试点数量，单井上难以反映压力的垂向变化趋势，只能是某一区域内的整体趋势的宏观反映。根据 503 个实测静压数据与深度的关系可以发现，在渤中凹陷深层（3500m 以下）存在超压带，压力在深度剖面上的变化呈折线状，表明至少存在上下两套压力系统，即静水压力系统和超压系统（图 2-33）。正常压实过程中孔隙度与埋深呈指数关系，若存在欠压实（即存在异常压力），则孔隙度变化会偏离正常压实的趋势线，通常可通过编制泥岩压实曲线来反映异常压力。泥岩压实曲线基于声波时差测井能直接反映孔隙度，是定性、定量判断泥岩孔隙压力的基础，但也受井径、裂缝、含气性等诸多因素的影响。通过编制综合压实曲线可以较为准确地反映孔隙度的演化趋势，进而反映欠压实与超压之间的关系（王震亮等，2003）。通过读取渤中凹陷典型井泥岩压实曲线发现，超压主要存在于厚层泥岩地层中，东二下亚段以深泥岩段

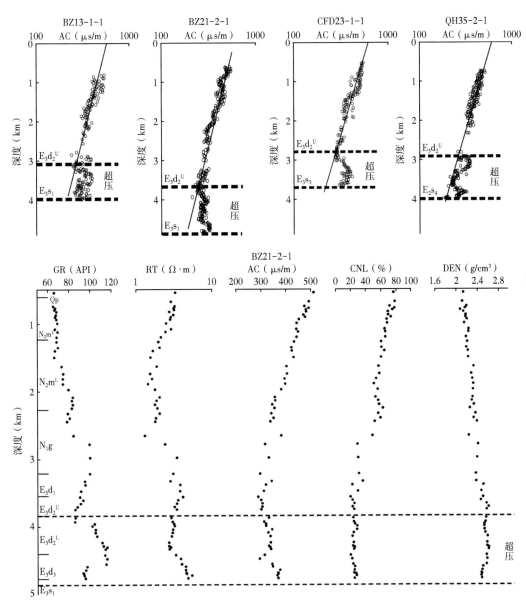

图 2-33　渤中凹陷典型井泥岩压实特征与 BZ21-2-1 井综合压实曲线

普遍存在超压（图 2-33）。BZ13-1-1 井、BZ21-2-1 井、CFD23-1-1 井和 QHD35-2-1 井分别位于渤中凹陷不同构造，自东二下亚段开始发育不同程度的超压，说明超压发育的普遍性。同时，受地温场影响，黏土矿物大量脱水的深度不一，各构造泥岩段异常压力出现的深度存在差异。

　　烃源岩压力模拟结果也揭示了东二下亚段以深普遍存在超压，流体压力曲线在东二下亚段不同深度出现拐点，幅度不一。从过 BZ19-6-1 井、BZ21-2-1 井至凹陷中心 BZ6-1-1 井的温度压力剖面可见，东营组泥岩过剩压力可达 20MPa，沙河街组泥岩局部过剩压力可达 30MPa。超压的存在可能抑制了有机质的成熟作用，使得烃源岩成熟度降低，扩大了液态窗的赋存范围。在 BZ19-6-4 井和 BZ19-6-2 井超压段内的镜质组反射率（R_o）明显要小于正常压力段（图 2-34）。超压也会抑制产气率，提升产油率，增大气态烃在液态烃中的溶解度。超压直接影响着流体势场，进一步影响了油气运移、聚集和幕式成藏。

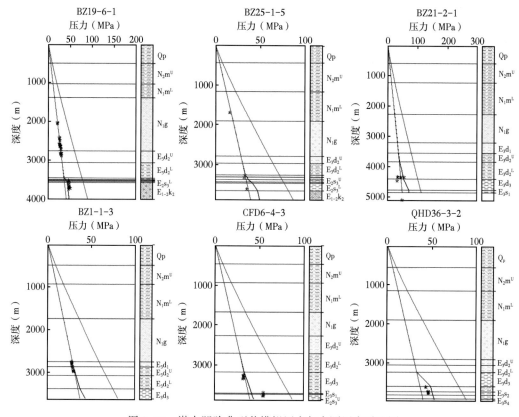

图 2-34　渤中凹陷典型井模拟压力与实测压力对比图

为明确超压对生排烃的影响，以下通过单井时间演化曲线加以分析：BZ13-1-1 井过剩压力在东营组沉积后（距今 24.6Ma）发育并不明显，随着上覆地层的沉积，至馆陶组沉积末期（距今 12Ma）过剩压力开始增大，烃源岩成熟度基本未受影响，烃转化率和排烃量随过剩压力增加而增大；至中新统沉积末期（距今 5.1Ma），过剩压力明显增大，从 0.9MPa 增至 5.41MPa，烃转化率和排烃量的增长速率却都随之减小。更靠近凹陷中心的 BZ21-2-1 井过剩压力与烃转化率和排烃量变化趋势相差不大，24.6—12Ma 过剩压力缓慢增大，12Ma 至今增长更快，从 3.60MPa 增至 22.19MPa，同时烃转化率和排烃量的增长速率都随之减小。最靠近凹陷中心的 BZ6-1-1 井，由于埋深更大，其出现过剩压力的时间要更早，在沙河街组沉积末期（距今 32.8Ma）即开始出现，至东二段沉积末期（距今 27.4Ma）增长速率略微放缓，12Ma 至今增长速率再次增加，12Ma 以来对应的烃转化率和排烃速率的增长速率要小于 12Ma 之前的。说明，过剩压力确实影响了生排烃过程，烃转化率达到一定程度（75%~80%）后，过剩压力的继续增大对生排烃造成产生一定的抑制作用（图 2-35）。

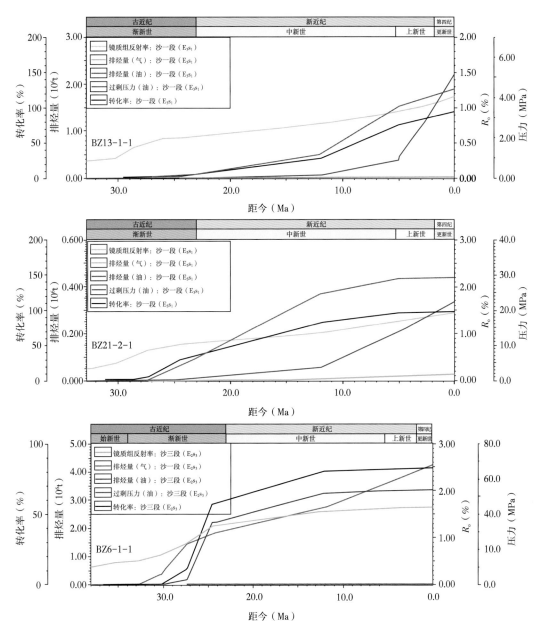

图 2-35　渤中凹陷典型井过剩压力与成熟度、生排烃演化时间配置关系图

　　现今流体压力分布是多种成因造成的结果，模拟结果综合反映了欠压实与生烃增压所形成的流体压力，沙三段现今流体压力总体表现为凹陷中心高、周缘低的趋势，凹陷中心沙三段底部的流体压力最高可达 86MPa，周缘构造高部位流体压力多在 30~60MPa。对油气运聚分析而言，更应关注的是过剩压力分布及其演化（图 2-36）。从沙三段过剩压力演化趋势不难看出，过剩压力主要发育在凹陷中心泥岩层段，随埋深增大，欠压实发育，过剩压力发育面积不断增大，过剩压力值也不断增大，为烃源岩排烃及二次运移提供源源不

断的动力。现今凹陷深部依然保持着较高的过剩压力（高达 24.13MPa），在过剩压力驱动下天然气仍在持续运移成藏。

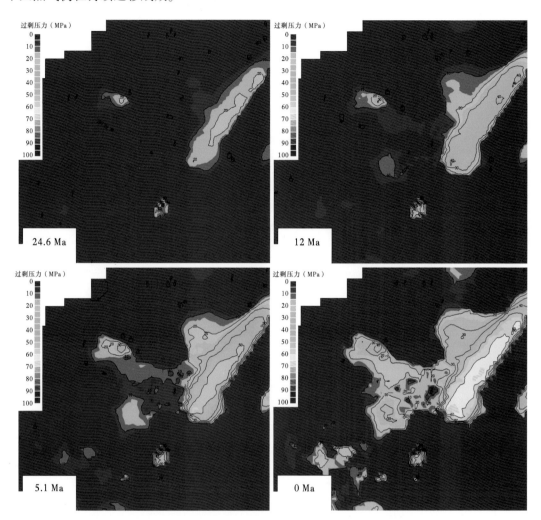

图 2-36　渤中凹陷沙三段过剩压力平面分布与演化图

3. 湖盆盐度对成烃影响

郯庐断裂带作为渤海湾盆地东部重要的深大断裂，其形成和演化对研究区的咸化湖盆形成和深部流体活动都有着一定程度的影响。咸化环境有利于有机质的聚集和保存，是优质烃源岩形成的重要影响因素。咸化湖盆油气地质研究俨然成为石油地质研究的一个热点，湖盆咸化是陆相富烃凹陷形成环境研究的重要问题之一。

东濮凹陷和东营凹陷同为渤海湾盆地的富烃凹陷，东濮凹陷的优质烃源岩从沙三段到沙一段咸化期均有发育，东营凹陷的优质烃源岩在沙四段咸化期和沙三段微咸化期均有发育。因此，开展渤中凹陷湖盆咸化程度的评价，有助于理解渤中凹陷深层烃源岩的形成特征。

1）湖盆咸化与有机质富集

柳大纲等（1996）对咸化湖盆的盐度进行了界定：淡水湖盐度小于0.10%；半咸水湖盐度为0.10%~1.00%；咸水湖盐度为1.00%~3.50%；盐水湖盐度大于3.50%。在中国中新生代陆相湖盆中，受古构造和古气候控制，咸化湖盆发育并有着丰富的油气发现，如准噶尔盆地玛湖凹陷二叠系风城组烃源岩，柴达木盆地古近系干柴沟组烃源岩，江汉盆地古近系潜江组烃源岩，渤海湾盆地东濮凹陷沙三段烃源岩和东营凹陷古近系沙四段烃源岩等。微咸化—咸化湖盆的烃源岩评价标准有别于一般湖相烃源岩，其TOC>0.2%即可认为是烃源岩，TOC>0.6%便是好烃源岩，低于一般湖相烃源岩好烃源岩（TOC>1.0%）的标准（据《烃源岩地球化学评价方法》，SY/T 5735—2019）。适当的咸水环境有利于增加烃源岩的生烃能力，盆地的高盐度有利于原始有机质的保存及生、排烃。咸化湖盆孕育了优质的烃源物质基础，研究表明，中国中—新生代陆相盆地优质烃源岩的发育多与咸化湖盆有关，有机质沉积的有利环境是半咸水、咸水和盐水湖泊，咸化湖盆中烃源岩具有更优的生烃能力（薛永安等，2018）。

张守鹏等（2016）发现渤海湾盆地沿NNE—SSW向由微咸化环境向咸化环境过渡，下辽河坳陷古盐度最低，东濮凹陷古盐度最高（表2-5），渤中凹陷沙四段和沙三段沉积处于上游淡水补给型的低、中盐度环境。薛权浩等指出渤海湾盆地古近系深断陷发育半咸水湖盆，盐度0.285%~5%。曹代勇等（2001）认为渤海湾盆地广泛发育深水咸化湖盆优质烃源岩和半深水半咸化—微咸化湖盆优质烃源岩。

表2-5　渤海湾盆地NNE—SSW向主要凹陷古盐度值（据张守鹏等，2016）

层位		下辽河坳陷古盐度值（‰）	东营凹陷古盐度值（‰）	沾化凹陷古盐度值（‰）	东濮凹陷古盐度值（‰）
沙三段	沙三上亚段	1~10	0.5~10	0.5~8	14~33
	沙三中亚段		1~15	1~10	12~37
	沙三下亚段		9~13	8~15	20~47
沙四段	沙四上亚段	8~30	15~40	13~40	18~49
	沙四下亚段		17~43	16~46	

前人研究认为咸化湖盆的成因包括海水侵入成因、浅水蒸发成因、深水热液成因和湖平面波动成因等。Warren认为湖盆周期性的咸化和淡化有利于有机质的生成与保存，有机质的生产率随水体盐度变化而变化，水体盐度较小时有机质大量生成，水体盐度增大至一定程度后，生物大量死亡，因此随湖盆盐度的周期性变化，生物也呈现周期性的勃发与死亡，造成有机质大量积累。

2）渤中凹陷优质烃源岩水体条件

渤中凹陷古近系泥岩样品Sr/Ba值主体分布于0.23~0.93，平均0.49，除两个样品Sr/Ba值大于1外，其余均落入微咸水—半咸水范围（图2-37），反映微咸水—半咸水陆相沉积环境（通常认为Sr/Ba>1.0为海相；0.5≤Sr/Ba≤1.0为半咸水相；Sr/Ba<0.5为微咸水相）。古近系泥岩样品实测V/（V+Ni）值为0.37~0.82，平均0.69，其中94.4%的样品V/（V+Ni）值介于0.6~0.84之间，表明烃源岩沉积时为水体中等分层的还原环境。

根据 V/（V+Ni）值判定水体分层和氧化还原环境的标准：0.4<V/（V+Ni）<0.6 为水体弱分层、弱氧化环境；0.6<V/（V+Ni）<0.84 为水体中等分层、还原环境；V/（V+Ni）> 0.84 为水体强分层、强还原环境。

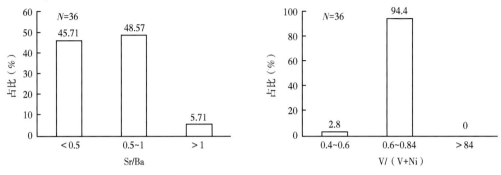

图 2-37　渤中凹陷烃源岩反映高盐度的无机参数

伽马蜡烷指数（伽马蜡烷/C_{30}藿烷，简称 G/H）是公认的可用来进行烃源岩沉积环境中盐度判别的指标，一般可用来表征高盐度分层水体。渤中凹陷沙三段、沙一段+沙二段和东三段烃源岩样品伽马蜡烷丰度差异较大，G/H 值为 0.03~0.64，平均 0.14；沙三段 G/H 值为 0.04~0.14，平均 0.07；沙一段+沙二段 G/H 值为 0.07~0.64，平均 0.32；东三段 G/H 值为 0.03~0.07，平均 0.05；沙一段的伽马蜡烷含量明显高于沙三段和东三段。根据对烃源岩 G/H—Pr/Ph、G/H—4MSI 的相关性分析（图 2-38），可见沙一段+沙二段 G/H 值最高且较分散，烃源岩明显表现出更高的盐度环境，沙三段烃源岩 G/H 值较低，东三段最低。该结论与 Hao 等、姜雪等（2019）的认识相一致，即东三段快速沉降、气候湿润、高等植物含量高，处于淡水沉积环境；沙一段+沙二段沉积缓慢、气候干旱、高等植物含量少、水体盐度最高，处于半咸水—咸水湖相沉积环境；沙三段和东三段沉积环境较为相似，同样是快速沉降、气候潮湿，但藻类大量发育，处于淡水—微咸水湖相沉积环境。

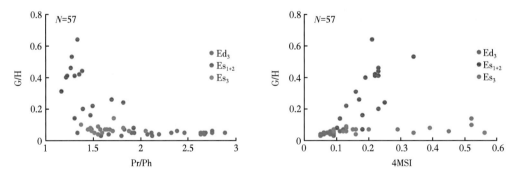

图 2-38　渤中凹陷烃源岩反映高盐度的可溶有机质参数

G/H＝伽马蜡烷/C_{30}藿烷；Pr/Ph＝姥鲛烷/植烷；4MSI＝4-甲基甾烷/C_{29}规则甾烷

渤中凹陷沙一段+沙二段烃源岩沉积时水体盐度高于沙三段和东三段，渤海湾盆地沙一段+沙二段沉积时期陆源碎屑物质供应不足，蒸发作用一般，表层为淡水—半咸水，底层水体盐度高。深入分析发现，水体咸化程度并不直接影响优质烃源岩形成，而是因为湖水会因盐度差异而发生分层。表层水盐度低，有利于广盐及嗜盐性浮游生物发育；底层水盐度高以及缺氧环境有利于有机质保存。表层生物的高生产力与底层的还原环境是适宜烃源岩发育的优势组合，且咸化环境优质烃源岩和淡化环境普通烃源岩常互层分布。湖水分层对有机质富集有一定的控制作用。深湖环境有利于水体分层，水体分层包括盐度分层和温度分层，水体分层下部相对停滞而形成还原环境，有利于有机质保存。

Katz 曾提出形成陆相优质烃源岩必备的三项条件：（1）有机质输入的数量与质量；（2）长期欠补偿的沉积条件；（3）有机质保存条件和效率。沙三段沉积时期，渤中凹陷处于裂陷 I_2 幕，经历了剧烈断陷，导致基底迅速沉降，欠补偿沉积；出现深水、半咸水缺氧还原环境；含量丰富的矿物质使得渤海藻和副渤海藻（沟鞭藻）等水生生物空前繁盛，沙三下亚段尤为突出，沉积物富含有机质，以富氢藻类有机质为主，保证了有机质的数量和质量。沙三段满足了 Katz 总结的优质烃源岩形成的三条件，烃源岩综合评价为好—很好烃源岩。沙一段+沙二段沉积时期，处于抬升剥蚀后的缓慢沉降阶段，近补偿沉积，该时期气候干旱炎热，强烈蒸发作用导致水体盐度升高，出现水体分层的强还原环境，更有利于沉积有机质的保存，但其生烃能力不如沙三段，但也为好烃源岩。

郯庐断裂带呈 NNE 向穿过渤海湾盆地东部边缘，渤中凹陷紧邻郯庐断裂带（图 2-39）。郯

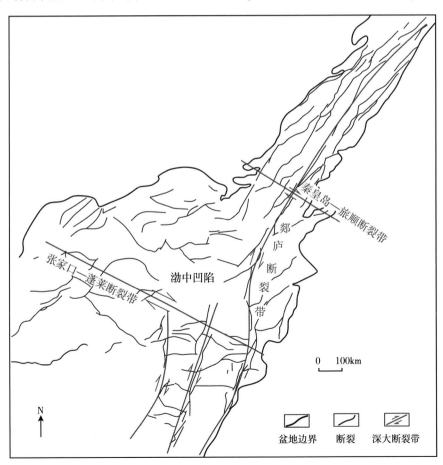

图 2-39 渤海海域深大断裂分布

庐断裂带在渤海湾盆地的演化过程中起着重要影响作用，在一定程度上影响着油气地质条件与油气资源分布。在深大断裂走滑挤压等构造作用下，郯庐断裂有利于形成深断陷，继而形成深水湖盆，富含矿物质的热流体流入湖盆，易形成半咸化—咸化环境，也有利于陆相有机质的腐泥化。渤中凹陷处于郯庐断裂带西缘，深水咸化湖盆优质烃源岩的形成与郯庐断裂带有着一定程度的联系，断裂带附近常出现深部流体的热异常和矿物异常，使得深水湖盆低等水生生物大量繁殖，有利于烃源岩的形成；断裂带附近的火山活动也有利于深水咸化—半咸化湖盆优质烃源岩的热演化。

二、成藏成烃模式

烃源岩的生烃模式研究通常可以通过自然演化剖面法。自然演化剖面法基于大量实测数据，可通过演化剖面直观展示；生烃热模拟实验能精确得到有机质生烃的组分、数量和变化规律等。

1. 自然演化剖面

理论上，烃源岩的有机地球化学参数的自然演化剖面直接记录了不同深度、不同演化程度的生烃状态，最能反映真实地质情况。自然演化剖面法就是根据烃源岩有机地球化学参数随深度（成熟度）的变化而建立烃源岩的生烃过程。Isaksen 通过 Kimmeridge 烃源岩（Ⅱ型）产率指数 PI［$PI=S_1/(S_1+S_2)$］来识别主生油阶段，PI 随成熟度增加而增大，通常 PI<0.2 为烃类充填烃源岩孔隙阶段，尚未排烃；PI>0.2 代表烃源岩开始排烃；PI 明显大于 0.2 表示已经有比较显著的生烃，上侏罗统 Kimmeridge 组烃源岩的主生油阶段对应深度为 3500~4800m。

BZ21-2-1 井位于渤中 22/21 构造区，相对靠近渤中凹陷中心，钻遇大段东三段泥岩（371.5m）且钻遇地层较深（4404~4775.50m），垂向上岩性分布稳定，TOC 值和 Pr/Ph 值也无明显起伏变化，表明沉积环境相似，可作为自然剖面法研究生烃过程的典型层段（图 2-40）。东三段烃源岩从 4404m（$R_o=1.02\%$）开始氢指数 HI（$HI=S_2\times100/TOC$）和产率指数 GI［$GI=(S_1+S_2)/TOC$］都呈逐渐降低趋势，对应烃源岩开始大量生烃阶段。至深度 4745m 近东三段底（$R_o=1.6\%$）时，HI 降至 80mg/g，H/C 值降至 0.57，表明东三段烃源岩已经大量生烃，生油高峰已过。4745m 深度氯仿沥青"A"/TOC 值和 HC 值（$HC=S_1\times100/TOC$）也大幅降低，取恒温带温度 13℃，深度 10m，地温梯度 33℃/km 计算，对应的温度应该在 156.50℃，该温度尚不足以让已生成的烃类发生裂解，因此可将氯仿沥青"A"/TOC 值和 H/C 值的大幅降低解释为液态烃的排出。

从渤中凹陷烃源岩综合有机地球化学参数剖面（图 2-41）可以看出，烃指数 HC 在埋深 2500~2750m 阶段明显呈现出一个峰，而该阶段 HI 值随埋深增加变化不大，可能代表了一个生烃过程，但其成因与成藏贡献尚有待商榷，毕竟其对应烃源岩处于未成熟阶段，不可能成为油源。生油门限深度 2600m，对应 $R_o=0.5\%$，埋深 2600~3100m 之间为低成熟阶段。埋深 3100~4600m 为主生油阶段，0.55%<R_o<1.1%，HI 迅速下降至 50mg/g 左右，HC 也降至 50mg/g 左右，生烃量快速增加，烃源岩已经大量生油，生油高峰深度 4100m，对应 R_o 值约为 0.9%，剩余的生烃潜力将以生气为主，残留液态烃基本不具备裂解成气的条件，残留的液态烃与新生成的天然气可以凝析气的形式排出。类比渤海海域烃

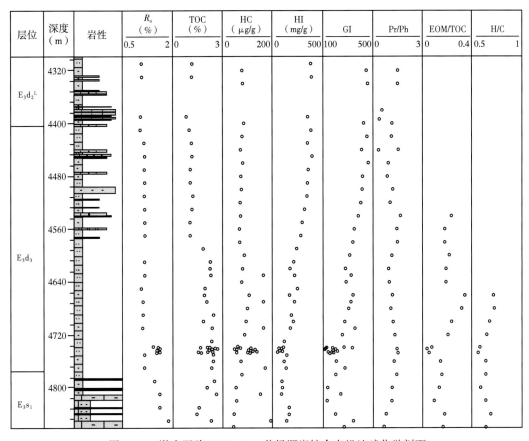

图2-40　渤中凹陷BZ21-2-1井烃源岩综合有机地球化学剖面

源岩热解参数的产率指数PI值可知渤中凹陷在R_o约为0.6%时烃源岩已进入主生油阶段，主生油的结束阶段对应的R_o值约为1.1%。沿斜坡带往凹陷中心，由于烃源岩层段埋深大、大地热流高，R_o普遍大于1.3%，现处于生气阶段。

2. 生排烃特征

湖相断陷盆地的烃源岩具有强烈的非均质性，烃源岩本身地球化学特征及其所处的环境决定了其生排烃效率（蔡希源，2012）。烃类在烃源岩中发生运移（初次运移，即排烃）需满足三个基本条件：（1）达到临界排烃饱和度；（2）存在有效的运移通道；（3）有克服烃源岩阻力的动力条件。前文烃源岩评价研究表明渤中凹陷烃源岩具有较强的生烃能力，有着排烃的有利物质条件；岩石学特征表明泥岩非均质性强，泥岩层中的微小裂隙和粉砂质夹层是排烃的运移通道；泥岩层段普遍发育超压，过剩压力为排烃提供了充足的动力。烃源岩生成的烃类除排出一部分外，尚有一部分残留于烃源岩中，残留烃特征可同时反映烃源岩的生烃特征和排烃特征。排烃门限的确定通常以地球化学指标为主，氯仿沥青"A"/TOC值（EOM/TOC）、产率指数[(S_1+S_2)/TOC]都可反映烃源岩残烃率和排烃效率，还可以通过转化率$S_1/(S_1+S_2)>25\%$来大致界定。

鉴于实际掌握的生烃潜力数据，在烃源岩评价的基础上，通过生烃潜力法对各烃源岩

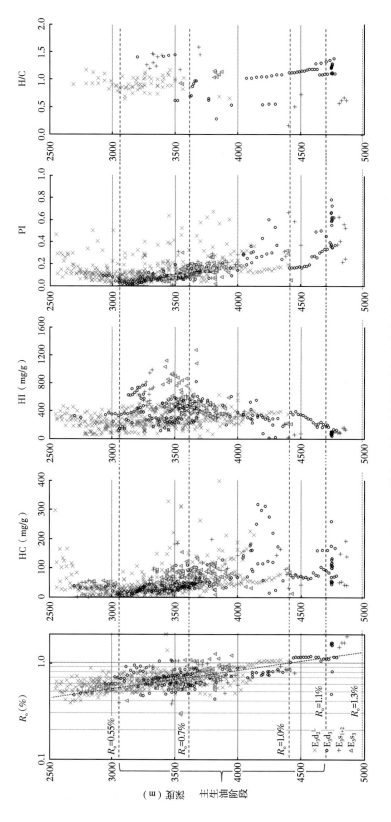

图 2-41　渤中凹陷烃源岩综合有机地球化学剖面

进行生烃潜力指数的对比分析，探讨生排烃机制的差异性，建立排烃模式。生烃潜力法通过定量分析烃源岩排烃效率以确定排烃模式。生烃潜力法排烃门限理论基于物质平衡原理，即认为烃源岩有机质在生排烃前后质量保持不变，唯一导致生烃潜力减小的就是排烃作用。在烃源岩排烃过程中，生烃潜力因排烃而减小，生烃潜力指数随深度增加而开始减小的深度就对应着排烃门限。

通过生烃潜力指数在深度剖面上的变化规律进行烃源岩排烃特征研究，可计算排烃强度和排烃量。生烃潜力通常用生烃潜力指数 GI 表示：

$$GI = (S_1 + S_2) / TOC \times 100 \tag{2-2}$$

式中　GI——生烃潜力指数，mg/g；

S_1——300℃时测定的单位质量烃源岩中游离烃含量，mg/g；

S_2——300~600℃时测定的单位质量烃源岩中热解烃含量，mg/g；

TOC——总有机碳含量，%。

生烃潜力法确定排烃门限的基本原理：同一套烃源岩具有相似的沉积环境，有机质丰度和有机质类型也相似，因此，可将现今不同地点、不同埋深但仍属于同一套烃源岩的各个单一样品视为同一样品不同时期的产物，从而利用全区样品点建立完整的烃源岩演化剖面，再根据生烃潜力指数研究烃源岩排烃特征。基于此，本次研究收集整理了渤中凹陷776 个热解分析数据点并结合补充测试的 37 个样品共 813 个数据点，建立了研究区烃源岩演化剖面，并获得了各层段烃源岩的排烃门限（图 2-42）。

烃源岩生成的烃类包括排出烃和残留烃两部分，残留烃可反映生排烃特征。排烃门限一般出现在生烃门限和生烃高峰之间烃产率的上升阶段，随着烃类的生成与排出，生烃潜力指数在剖面上开始减小时的深度即为排烃门限深度。大规模排烃出现在生烃高峰之后，液态烃产率的下降阶段，生烃潜力指数在剖面上大幅减小时的深度即对应主排烃期。排烃门限之前为原始生烃潜力，之后为残余生烃潜力，原始最大生烃潜力指数与某一深度残余生烃潜力指数的差值即为排烃率。该差值与原始生烃潜力指数的比值即为排烃效率。

沙三段烃源岩的原始生烃潜力指数约为 750mg/g，在约 2850m 深度处开始下降，在 3450m 深度处开始大幅下降，最终降至 300mg/g 以下，排烃效率超过 60%；沙一段+沙二段烃源岩原始生烃潜力指数约为 700mg/g，在约 2750m 处开始下降，至 3350m 处大幅下降，最终降至 200mg/g 以下，排烃效率可达 70%；东三段烃源岩原始生烃潜力指数约为 700mg/g，在约 2700m 处开始下降，至 3250m 处大幅下降，最终降至 200mg/g 以下，排烃效率约为 70%；东二下亚段烃源岩原始生烃潜力指数约为 650mg/g，在约 2550m 处开始下降，至 3600m 处大幅下降，最终降至 400mg/g 左右，排烃效率接近 40%。

沙三段、沙一段+沙二段和东三段烃源岩的生烃潜力指数随热演化大幅减小（图 2-42），表明排烃贡献相对较大；东二下亚段烃源岩排烃贡献相对较小。认为渤海海域沙河街组和东营组的排烃量分别占 52% 和 48%，近乎 1:1。

按照生烃潜力法研究烃源岩排烃门限和排烃特征的方法路线，针对 II 型干酪根，建立了沙河街组和东营组的排烃模式图（图 2-43）。显然，烃源岩排烃门限与沉积时期和地质分层关系不大，而主要与埋深和温度有关。理论上，有机质的类型越好，成熟度越高，对

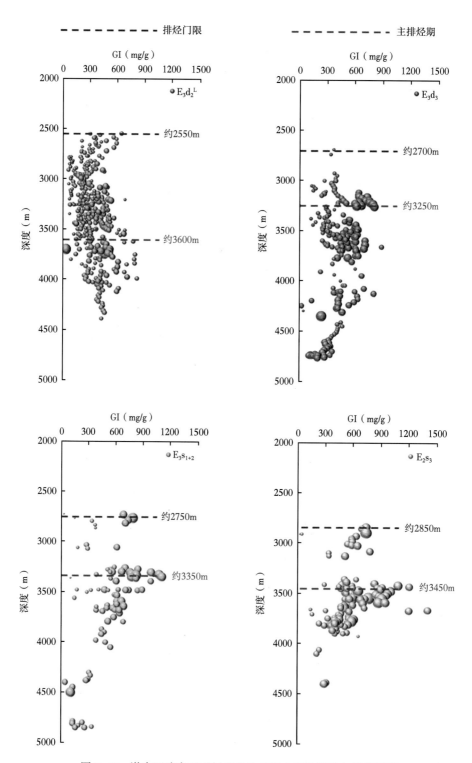

图 2-42　渤中凹陷古近系烃源岩生烃潜力指数演化与排烃门限

数据点的大小反映 TOC 值的大小

应的排烃门限深度越浅；埋深条件相同，有机质类型越好，则其排烃效率越高。沙河街组和东营组干酪根的排烃门限深度相差不大，分别为 2800m 和 2750m。

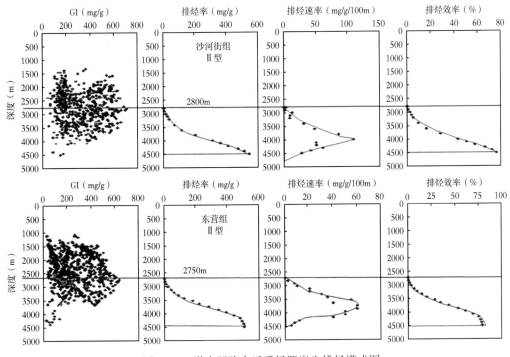

图 2-43　渤中凹陷古近系烃源岩生排烃模式图

　　翟光明等统计了渤海湾盆地部分坳（凹）陷烃源岩的生烃门限（表 2-6），冀中坳陷、下辽河坳陷、黄骅坳陷和东濮凹陷的生烃门限深度介于 2500~2800m 之间，渤中凹陷排烃门限与之相比差距不大，基本一致。

　　烃源岩的生排烃过程与特征直接反映其成烃模式，也是含油气系统分析的基础和资源量评价的重要依据。从凹陷边缘到凹陷中心选取了三口典型井进行生、排烃史对比和分析，三口井分别为 BZ19-6-1 井、BZ21-2-1 井和 BZ6-1-1 井。图 2-44 分别展示了三口井不同烃源岩层段的生排烃史。

表 2-6　渤海湾盆地部分坳（凹）陷烃源岩生烃门限

	烃源岩层段	生油门限深度（m）	地温梯度（℃/100m）	演化阶段深度（m）	
				湿气—凝析气上限	干气上限
济阳坳陷	E_2s_3	2200	3.60		
冀中坳陷	E_2s_3	2800	3.10	5300	
下辽河坳陷	E_2s_3，E_2s_4	2700	3.50~4.00	4530	5000
黄骅坳陷	E_2s_3，E_1k_2	2600	3.30	4300	4800
东濮凹陷	E_2s_3	2500	3.30	4200	5000

生烃史模拟结果（图2-44a、c、e）表明，区域上，从凹陷边缘至凹陷中心，烃源岩生烃强度总体呈增大趋势，沙三段烃源岩开始生烃时间约在距今30Ma。时间上，各烃源岩从开始生烃至今，生烃强度均呈增大趋势。纵向上，近凹陷中心的BZ6-1-1井沙三段生排烃强度高达$3.59×10^6$t/km²，生烃强度随埋深变浅而减小，受裂陷Ⅱ幕快速沉降的影响，沙三段烃源岩快速成熟，生烃强度剧增。BZ21-2-1井沙一段成熟度高于东二下亚段，从开始生烃至距今12Ma，沙一段的生烃强度都要高于东二下亚段，但随着成熟度的升高，厚度占优势的东二下亚段的生烃强度反超沙一段。

排烃史模拟结果（图2-44b、d、f）表明，排烃时间略晚于生烃时间，约在距今25Ma，排烃强度接近生烃强度，排烃效率很高（82%~98%），排烃强度也随时间而增大。BZ6-1-1井沙三段排烃强度同样在裂陷Ⅱ幕剧增；BZ21-2-1井沙二下亚段烃源岩排烃强度同样在距今12Ma有转折；BZ19-6-1井东二下亚段排烃时间相对晚了许多，至距今5Ma才开始排烃。排烃时间、排烃强度和生烃时间、生烃强度之间具有一致性。BZ6-1-1

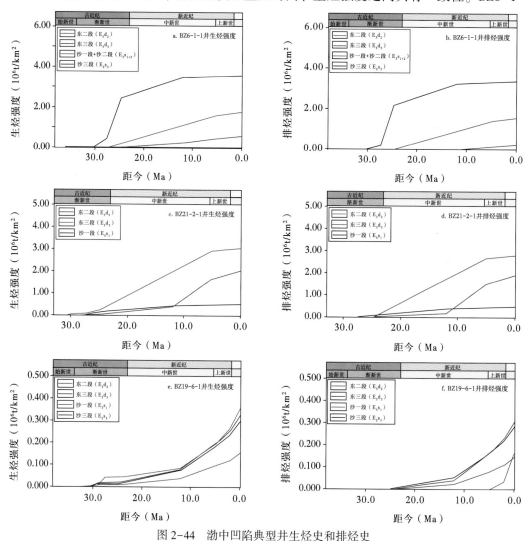

图2-44　渤中凹陷典型井生烃史和排烃史

井位于渤中凹陷主洼中心部位，最能代表渤中凹陷烃源岩的成烃过程。

　　基于上述研究，渤中凹陷成烃机理和成烃模式可总结为如表 2-7 所示，生油高峰 $R_o=0.9\%$，生气高峰 $R_o=1.5\%$，生气范围主要在 4100m 以下，此时烃源岩成熟度处于高成熟—过成熟阶段。高成熟阶段主要产物为轻质油和凝析气，过成熟阶段则为干气。

表 2-7　渤中凹陷烃源岩成烃模式

热演化 阶段	R_o（%）	深度 （km）	温度 （℃）	成烃阶段	主要 产物	关键时刻
未成熟	<0.55	<2.5	<100	生物合成甲烷	生物气稠油	生烃门限
低成熟	0.55~0.7	2.5~3.3	100~126	干酪根热解生油	低熟油	排烃门限
成熟	0.7~1.1	3.3~4.1	126~152		正常油	生油高峰
高成熟	1.1~1.3	4.1~4.6	152~168	干酪根热解生油气， 油裂解生气	轻质油 凝析气	生油下限
	1.3~2.0	4.6~5.5	168~197	干酪根热解生气， 油裂解生气	凝析气	生气高峰
过成熟	2.0~4.0	5.5~7.0	>197	烃类裂解生甲烷	干气	生气下限

　　综合上述，渤中凹陷资源潜力巨大，其中石油地质资源量约为 15.1×10^8 t，天然气地质资源量约为 1.9×10^{12} m³，还有巨大的勘探潜力，尤其是渤中凹陷烃源岩天然气实际勘探发现与期望之间存在较大差距，至 2019 年才在渤中西南环发现超过 1000×10^8 m³ 的天然气探明储量，而其他区域尚无如此规模的天然气发现，渤中凹陷剩余资源潜力巨大，有很好的勘探前景。

第三章　油气藏的流体相态

第一节　烃类流体模拟与相态识别

凝析气藏烃类流体相态类型和分布特征是油气资源评价的重要依据。采用地层流体高温高压物性（PVT）实验和流体相态理论模拟相结合的方法，在地层流体 PVT 实验测试结果的基础上，运用流体相态理论计算方法，借助 PVT 相态模拟软件拟合计算烃类流体的物性参数和相包络线；根据实验测试数据和相态模拟结果，判别烃类流体相态的类型，综合分析流体相态的控制因素；在明确渤中 19-6 凝析气藏油气来源和充注期次的基础上，查明该凝析气藏的成因机制，并与邻区渤中 21/22 气藏作对比，综合揭示渤中 19-6 凝析气藏成藏过程。

一、理论方法

基于气体状态方程和气液相平衡方程（peneloux 体积转换的 PR 状态方程），结合热力学相平衡理论计算气、液相平衡比，然后应用气液平衡相态方程求取露点压力、泡点压力、恒质膨胀（p—V 关系）及相包络线。

1. 相态拟合计算模型

1）PR（Peng-Robinson）状态方程

PR 状态方程对含极性组分体系的热力学性质和液相容积特性有很好的预测精度，且适用于混合物的气、液两相平衡计算（杨胜来，2004）。其形式如下：

$$p = \frac{RT}{v_n - b} - \frac{aa(T)}{v_m(v_m + b) + b(V - b)} \tag{3-1}$$

式中，温度函数 $a(T)$ 的引入对烃类中复杂分子体系对 PVT 相态特征的影响有很好的改善作用，其形式为：

$$a(T) = [1 + m(1 - T_{pr}^{0.5})]^2 \tag{3-2}$$

式中　m——物质偏心因子的函数，其形式可表述为：

$$m = 0.37464 + 1.54220\omega - 0.26992\omega^2 \tag{3-3}$$

显然不同偏心程度的物质具有不同的 m 值，偏心因子 ω 的引入使 PR 方程能够适用于非极性分子和含极性组分的混合物气—液相平衡计算，且能较好地预测液相容积特性和逸度。

PR 方程中临界点条件时：

$$a = 0.45724 \frac{R^2 T_c^2}{p_c} \tag{3-4}$$

$$b = 0.07780 \frac{R T_c}{p_c} \tag{3-5}$$

式中　R——气体通用常数，8.31 $\left[(\text{MPa} \cdot \text{cm}^3)/(\text{mol} \cdot \text{K})\right]$；

　　　T——温度，K；

　　　T_c——临界温度，K；

　　　T_{pr}——视对比温度；

　　　p——压力，MPa；

　　　p_c——临界压力，MPa；

　　　ω——偏心因子。

即对于 PR 方程，仍可由烃类纯组分物质的临界参数计算 a、b 参数。

2) 对 PR 状态方程应用 Peneloux 体积转换

Peneloux 体积转换最早是由 Peneloux 提出，是为了改进 PR 状态方程中的组分分子体积测量精确度的问题，对含极性物质的烃类体系有较好的预测精度。

Peneloux 体积转换是对立方型状态方程估算的摩尔体积的一个修正式：

$$V_{\text{corrected}} = V_{\text{EOS}} + C \tag{3-6}$$

式中　V_{EOS}——PR 状态方程计算的体积；

　　　C——体积转换系数，可通过最小化密度预测或在 $T_r = 0.7$ 时匹配饱和液体的密度来获取。

将 Peneloux 体积转换应用到混合体系时，混合体系的 C 用 C_{mix} 代替，C_{mix} 是纯组分摩尔分数的加权平均值。

$$C_{\text{mix}} = \sum_{i=1}^{NC} X_i C_i \tag{3-7}$$

式中　X_i——组分 i 的摩尔分数；

　　　C_i——组分 i 的体积转换系数。

3) 基于热力学模型求气、液相平衡比

热力学上判断气、液两相是否平衡的原理是处在相同压力、温度下的气、液相平衡体系，每一组分在气、液两相中的逸度必定相等。即：

$$f_{iV} = f_{iL} \tag{3-8}$$

式中　f_{iV}、f_{iL}——组分 i 在气相、液相中的逸度。

上式即为判断已知体系是否符合相平衡的准则，也可用于计算相平衡比 K。其计算方法如下：

气相中组分 i 的逸度等于在相同温、压体系下，纯组分 i 呈气相时的逸度和气相中组分 i 摩尔分数的乘积，即：

$$f_{iV} = f_{iV}^0 y_i \tag{3-9}$$

同理液相中组分 i 的逸度可表述为：

$$f_{iL} = f_{iL}^0 x_i \qquad (3-10)$$

式中　f_{iV}^0——在体系平衡温度和压力下，纯组分 i 呈气相的逸度；

　　　f_{iL}^0——在体系平衡温度和压力下，纯组分 i 呈液相的逸度；

　　　y_i、x_i——组分 i 在气相、液相中的摩尔分数。

根据平衡准则，即式（3-8），得：

$$f_{iV}^0 y_i = f_{iL}^0 x_i \qquad (3-11)$$

于是相平衡比可用逸度表示，有以下几种写法：

$$K_i = \frac{y_i}{x_i} = \frac{f_{iL}^0}{f_{iV}^0} = \frac{f_{iL}/x_i}{f_{iV}/y_i} = \frac{f_{iL}/(x_i p)}{f_{iV}/(y_i p)} = \frac{\phi_{iL}}{\phi_{iV}} \qquad (3-12)$$

式中　p——体系的平衡压力；

　　　ϕ_{iL}——组分 i 的液相逸度系数；

　　　ϕ_{iV}——组分 i 的气相逸度系数。

计算 K_i 时，选用一个合适的状态方程分别计算气、液两相的逸度系数 ϕ_i，逸度系数的计算公式为：

气相：

$$\ln\phi_{iV} = (Z_V - 1)\frac{b_i}{b} - \ln(Z_V - B) - \frac{A}{B}\left\{\frac{1}{a}\left[2a_i^0 \sum_j x_j a_j^{0.5}(1 - \bar{K}_{ij}) - \frac{b_i}{b}\right]\right\}\ln\left(1 + \frac{B}{z_V}\right)$$

$$(3-13)$$

液相：

$$\ln\phi_{iL} = (Z_L - 1)\frac{b_i}{b} - \ln(Z_L - B) - \frac{A}{B}\left\{\frac{1}{a}\left[2a_i^{0.5} \sum_j x_j a_j^{0.5}(1 - \bar{K}_{ij}) - \frac{b_i}{b}\right]\right\}\ln\left(1 + \frac{B}{z_L}\right)$$

$$(3-14)$$

方程中 b_i、b、a_i、a、A、B 等分别为状态方程中各参数，气相混合物的 Z_V 为立方型状态方程的最大正根，液相混合物的 Z_L 为立方型状态方程的最小正根。

计算出气相和液相逸度系数 ϕ_{iV}、ϕ_{iL}，在设定体系温度 T、压力 p 以及混合物组成 Z_j 的情况下，进而求相平衡常数 K_i 值，其计算框图如图 3-1 所示：

方程中 b_i、b、a_i、a、A、B 等分别为状态方程中各参数，气相混合物的 Z_V 为立方型状态方程的最大正根，液相混合物的 Z_L 为立方型状态方程的最小正根。

计算出气相和液相逸度系数 ϕ_{iV}、ϕ_{iL}，在设定体系温度 T、压力 p 以及混合物组成 Z_j 的情况下，进而求相平衡常数 K_i 值。

4）气、液体系的相态方程

解决了平衡比 K 的求法，就可以应用相态方程计算泡点压力、露点压力和相包络线。

气、液体系的相态方程如下：

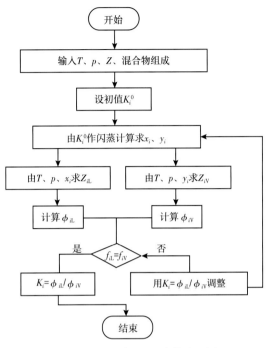

图 3-1　相平衡比 K_i 计算流程图

液相组成方程：

$$\sum_{j=1}^{m} x_j = \sum_{j=1}^{m} \frac{z_j n}{n_L + n_g K_j} = 1 \qquad (3-15)$$

气相组成方程：

$$\sum_{j=1}^{m} y_j = \sum_{j=1}^{m} \frac{z_j n}{n_g + \dfrac{n_L}{K_j}} = 1 \qquad (3-16)$$

泡点压力是封闭体系单相液体向气、液两相转变的相变点，可以理解为体系开始释放第一个气泡时的压力。在泡点状态，气相数量 $n_g = 0$，液相数量 $n_L = n$，利用公式（3-16）可计算泡点压力：

$$\sum Z_j K_j = 1 \qquad (3-17)$$

式中压力隐含在 K_j 中，当体系的组成和温度给定后，先假设一个试算压力，如果试算压力所对应的 K_j 满足公式（3-17），则这个试算压力就是泡点压力。

而露点压力是体系由单相气体向气、液两相转变的相变点，此时 $n_L = 0$，$n_g = n$，利用公式（3-15）可计算露点压力：

$$\sum \frac{z_j}{K_j} = 1 \qquad (3-18)$$

计算方法与泡点压力计算相同。

2. 重组分（C_{7+}）特征化处理

凝析油气 PVT 实验测试组分通常做到 C_{11+}，C_{11+} 组分是一个含碳数目高于 11 的各种烃类的混合物。应用 PVT 相态拟合软件进行油气相态拟合时，需要确定各组分的属性。对于 CO_2，C_1，C_2，C_3，iC_4，nC_4，iC_5，nC_5，C_6 等纯组分的热力学参数是物性分析实验测定的结果，是确定不变的。但 C_{7+} 以上的重组分由于含有各种复杂的同系物和异构体，常规物性分析实验难以准确测定其组分构成及相应的热力学参数，因此需要先将重组分拟组分化（将重组分劈分为多个拟组分），再通过重组分特征化方法来求取其热力学参数。对重组分的拟组分化以 BZ19-6-1 井 PVT 实验测试的数据为例，拟合后的各组分参数见表 3-2。

从表 3-1 中可以看出，在拟合过程中 C_{7+} 组分被程序自动劈分为 $C_7 \sim C_9$、$C_{10} \sim C_{12}$、$C_{13} \sim C_{17}$、$C_{18} \sim C_{24}$、$C_{25} \sim C_{80}$ 共五个拟组分。在相态拟合过程中针对具体问题，可根据实验测试数据调整 C_{7+} 的拟组分个数。

表 3-1　BZ19-6-1 井地层流体拟合后的各组分参数

组分	摩尔分数 （%）	摩尔质量 （g/mol）	临界压力 （MPa）	临界温度 （℃）	偏心因子
CO_2	7.580	44.010	7.376	31.050	0.225
C_1	69.830	16.043	4.600	−82.550	0.008
C_2	8.630	30.070	4.884	32.250	0.098
C_3	3.030	44.097	4.246	96.650	0.152
iC_4	0.510	58.124	3.648	134.950	0.176
nC_4	1.060	58.124	3.800	152.050	0.193
iC_5	0.430	72.151	3.384	187.250	0.227
nC_5	0.530	72.151	3.374	196.450	0.251
C_6	1.130	86.178	2.969	234.250	0.296
$C_7 \sim C_9$	3.160	107.680	2.636	289.867	0.3795
$C_{10} \sim C_{12}$	1.446	144.628	2.034	354.633	0.4966
$C_{13} \sim C_{17}$	1.269	201.994	1.580	440.124	0.6642
$C_{18} \sim C_{24}$	0.831	283.655	1.280	544.158	0.8626
$C_{25} \sim C_{80}$	0.564	446.605	1.066	748.652	1.0721

对重组分的拟组分化，解决了复杂烃类混合体系组成的确定问题，但气液相平衡计算还需知道重组分的相关热力学参数，如：临界温压、偏心因子等。这些参数对油气体系相态拟合与模拟计算至关重要。因此，把能够准确确定重组分热力学参数的方法称为重组分—特征化。

在相态计算软件中常用的重组分—特征化方法有以下三种：

（1）经验关联式法，这种方法是运用数据拟合得到热力学参数之间的经验关联式，通过关联式计算烃类体系的重组分热力学参数。常用的主要包括 Edmister、Kesler-Lee 和

Winn 等的经验关联式组合。其优点是简便易行，但缺陷是当没有任何实测重组分数据（如相对密度和相对分子质量）时不能使用且精度不高。

（2）基于连续热力学理论的等效碳数关联法。该方法是将重组分的热力学参数与烃类同系物相应的参数做比较，得到重组分的等效碳原子数。

（3）连续热力学分布函数方法。这种方法是用烃类体系中各组分含量的分布模型预测其热力学参数。

下面介绍 Edmister 的经验公式组合法，求解重组分的临界参数和偏心因子。其余方法详见中国石油天然气行业标准《凝析气藏相态特征确定技术要求》（SY/T 6101—2012）。

Edmister 经验公式组合：

$$\omega = \frac{3}{7} \times \frac{\lg\left(\dfrac{p_c}{p_a}\right)}{\dfrac{T_c}{T_b} - 1} - 1 \tag{3-19}$$

$$p_c = \frac{362}{M} \times \frac{\gamma}{0.8} \tag{3-20}$$

$$T_c = \left(353.5 + 22.35M^{0.5}\right)\left(\frac{\gamma}{0.8}\right)^{0.5} \tag{3-21}$$

$$T_b = \left(17227M\gamma^{0.9371}\right)0.4206 \tag{3-22}$$

$$M = \frac{44.29\gamma}{1.03 - \gamma} \tag{3-23}$$

式中　ω——偏心因子；

p_c——临界压力，MPa；

p_a——大气压力，MPa；

T_c——临界温度，K；

T_b——沸点，K；

M——相对分子质量；

γ——相对密度。

二、流体相态模拟结果检验

应用上述相态拟合理论计算方法，对渤中凹陷 18 口井（26 个样品）的 PVT 实验测试数据进行流体相态模拟，完成了泡点和露点压力、恒质膨胀（p—V 关系）及相包络线的计算，并与 PVT 实验测试数据对比，校验模拟结果。

1. PVT 实验测试样品信息

PVT 实验测试样品共 26 个，包括黑油样品 14 个，高挥发油样 4 个，凝析气样 7 个及 1 个天然气样。样品详细数据和分布位置见表 3-2。

表 3-2 PVT 测试样品数据表

井号	层位	深度（m）	取样方式	相态分析
BZ19-6-1	$E_3d_2^L$	3521.1	井下样	
	$E_{1-2}k$	3566.8~3634	分离器样	√
BZ19-6-2	Pt	4261	井下样	√
	Pt	4261	井下样	√
	Pt	3879.0~3998.66	分离器样	√
BZ19-6-3	E_2k_1	4079.19	井下样	√
BZ19-6-4	E_2k_1	3500.0~3566.0	井下样	√
	E_2k_1	3500.0~3566.0	分离器样	√
BZ13-1-1	E_3s_1+Mz	4200.6	井下样	
BZ22-1-2	Pz	4354.0~4611.0	分离器样	√
BZ23-3-1	Pz	3040.0~3065.0	分离器样	
CFD6-4-1	$E_3d_2^L$	2554.5~2566.0	井下样	
	E_3d_3	2961.0~2989.5	井下样	
CFD6-4-3	E_3d_3	3272.5~3291.0	井下样	
BZ1-1-2	$E_3d_2^U$	2595	井下样	
BZ2-1-2	E_3d_1+$E_3d_2^U$	3021.0~3059.0	分离器样	
BZ2-1-3	$E_3d_2^L$	3220	井下样	
CFD12-6-1	Mz	3091.0~3140.0	分离器样	
QHD35-2-1	E_3s_2	3406.5~3434.0	分离器样	
	E_3d_3	3335.0~3352.5	分离器样	
QHD36-3-1	E_3d_3	3500	井下样	
BZ8-4-4	N_1m^L	1678.0~1713.0	井下样	
	N_1m^U	1147.0~1153.0	井下样	
BZ8-4-5	N_1g	2030	井下样	
	N_1g	2320	井下样	
BZ8-4-1D	N_1m^L	1530	井下样	

2. 恒质膨胀及露点压力计算结果

不同温度下的实测露点压力与计算露点压力数据对比如表 3-3 所示，恒质膨胀模拟计算值与实测值的数据比较列于表 3-4 中。

表 3-3 不同温度下实测露点压力与计算露点压力对比表

井号	温度（℃）	实测露点压力（MPa）	计算露点压力（MPa）	误差（%）
BZ19-6-1	134.1	45.50	45.32	-0.387
	124.1	45.01	45.10	0.207
	114.1	44.53	44.76	0.519

续表

井号	温度 （℃）	实测露点压力 （MPa）	计算露点压力 （MPa）	误差 （%）
BZ19-6-2Sa	123.0	48.36	47.96	−0.827
	143.0	47.98	48.09	0.236
	163.9	47.79	47.86	0.138
BZ19-6-3	116.9	48.36	48.01	−0.724
	136.9	48.67	48.66	−0.031
	156.9	48.28	48.68	0.822
BZ19-6-4	118.0	43.38	43.34	−0.092
	138.0	42.98	42.97	−0.023
	158.0	42.56	42.48	−0.188

表3-4 恒质膨胀模拟计算值与实测值对比表

BZ19-6-2Sa				BZ19-6-3			
压力 （MPa）	相对体积			压力 （MPa）	相对体积		
	实测	计算	误差（%）		实测	计算	误差（%）
54.80	0.952	0.951	0.095	54.84	0.951	0.937	−1.440
52.90	0.963	0.963	0.010	52.85	0.964	0.951	−1.400
50.89	0.976	0.977	0.061	50.32	0.982	0.969	−1.324
48.86	0.991	0.992	0.071	48.64	0.996	0.982	−1.336
47.71	1.000	1.001	0.130	48.28	1.000	0.985	−1.470
45.79	1.017	1.024	0.698	46.34	1.015	1.003	−1.163
43.81	1.038	1.050	1.224	43.84	1.040	1.036	−0.375
41.74	1.062	1.080	1.714	41.84	1.065	1.065	0.028
39.73	1.089	1.113	2.139	39.78	1.094	1.098	0.356
37.70	1.121	1.149	2.579	37.75	1.128	1.135	0.611
35.70	1.156	1.190	2.950	35.65	1.168	1.179	0.899
33.72	1.196	1.236	3.310	33.73	1.211	1.223	1.049
31.76	1.243	1.288	3.621	31.77	1.261	1.276	1.174
29.71	1.300	1.350	3.878	29.73	1.321	1.338	1.310
27.70	1.366	1.421	4.048	27.71	1.392	1.410	1.344
25.71	1.4446	1.5048	4.167	25.71	1.476	1.495	1.301
23.70	1.5407	1.6053	4.193	23.68	1.578	1.597	1.230
21.65	1.6603	1.7299	4.192	21.66	1.702	1.720	1.099
19.63	1.8078	1.8818	4.093	19.63	1.856	1.873	0.910
17.61	1.9952	2.0731	3.904	17.58	2.054	2.068	0.687
15.57	2.2386	2.3228	3.761	15.56	2.306	2.316	0.399

对比结果显示，露点压力计算值与实测值误差介于-0.827%~0.822%，*p—V*关系计算值与实测值误差介于-1.44%~4.19%，整体误差不大，表明模拟计算结果可靠。

3. 相包络线计算结果

通过PVT相态模拟软件，计算出泡点线、露点线、临界温度和压力，绘制成烃类流体相图。

三、油气藏相态类型识别

油气藏流体相态类型的准确判别关系到油气储量的估算、开发方式的优化及开采动态的评估。通过多年的研究，积累了多种识别油气藏相态类型的方法，主要可分为经验统计和烃类流体相图两类。

1. 经验统计法对油气藏相态类型的识别

经验统计方法是根据大量已知油气藏地层流体的组成及特征参数，来寻找不同类型地层流体的规律性，利用这种规律性指导未知油气藏类型的判别。这种方法比较简便易行，但有一定的局限性，使用时应注意综合分析。以下介绍几种常用的经验统计方法。

1）方框图判别法

利用PVT实验测试的烃类流体组分资料，计算四个特征参数：C_{2+}（%）、C_2/C_3、$100×C_2/(C_3+C_4)$ 和 $100×C_{2+}/C_1$。其中：C_1——甲烷摩尔分数；C_2——乙烷摩尔分数；C_{2+}——乙烷以上烃组分摩尔分数；C_3——丙烷摩尔分数；C_4——丁烷摩尔分数；C_{5+}——戊烷以上烃组分摩尔分数。

不同油气藏的四个特征参数大致范围见表3-5。

表3-5 不同相态类型油气藏的特征参数表

参数名	气藏	无油环凝析气藏	带油环凝析气藏	油藏
C_{2+}（%）	0.1~0.5	5~15	10~30	20~70
C_2/C_3	4~160	2.2~6.0	1~3	0.5~1.3
$100×C_2/(C_3+C_4)$	300~10000以上	170~400	50~200	20~100
$100×C_{2+}/C_1$	0.1~5.0	5.0~15	10~40	30~600

如图3-2所示，将根据地层流体组分数据计算的特征参数投到方框图中，判别结果显示：渤中19-6井区的特征参数集中分布在带油环凝析气藏或凝析气顶油藏的区域内，表明渤中19-6井区烃类流体主要为带油环凝析气藏流体特征；CFD12-6-1井的四个特征参数均分布在油藏的区域内，表明其烃类流体为油藏特征；BZ22-1-2井的特征参数分布在气藏和无油环气藏的区域内，表明其烃类流体相态具气藏特征。

2）流体三元组成三角图判别法

根据烃类流体组分组成，将C_1+N_2、$C_2~C_6+CO_2$ 和 C_{7+}含量作为三角图坐标。如图3-3所示，以C_{7+}约为11%的等值线将气藏、凝析气藏与挥发性油藏划分开；C_{7+}约为32%的等值线为挥发性油藏与黑油油藏的分界线。但一般认为在凝析气藏和挥发性油藏之间存在临界态类型的油气藏，而挥发性油藏和黑油油藏之间也有一个过渡带，所以这两个界线并不

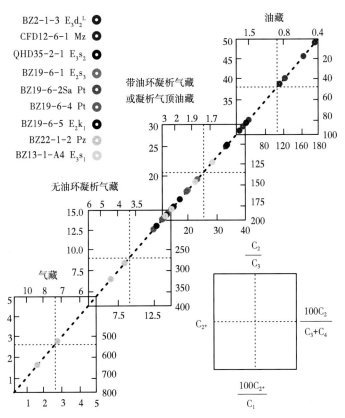

图 3-2 渤中凹陷油气藏相态类型判别方框图

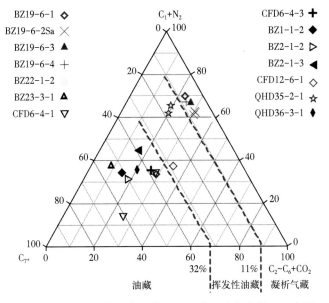

图 3-3 渤中凹陷烃类流体三元组成（摩尔分数）三角图

十分严格。

从流体组成三角图中看出，BZ22-1-2 井和 BZ19-6 井区烃类流体组分比较集中的分布在 C_{7+} 约为 11% 等值线的右侧和 C_1+N_2 的顶部范围，BZ22-1-2 井区几乎不含 C_{7+}，具有干气特征，BZ19-6 井区的烃类流体中 C_{7+} 约占 7%，为凝析气；挥发性油藏点集中分布在 11%~32% 等值线之间，越靠近 11% 等值线挥发性越强；黑油油藏烃类流体分布在 C_{7+} 约为 32% 等值线的左侧，C_{7+} 含量较高，最高可达 70% 以上。

3）地层流体密度和平均相对分子质量判别法

平均相对分子质量由加和原则求得，即：

$$\overline{M} = \sum_{i=1}^{n} M_i Z_i \tag{3-24}$$

式中　$\overline{M}$——平均相对分子质量；

　　　M_i——组分 i 的相对分子质量；

　　　Z_i——组分 i 的摩尔分数；

　　　n——流体混合物的组分数。

地层条件下的流体密度 ρ 由取样测得，若无实测资料，可用经验公式求得：

$$当 \overline{M} < 20 \ 时：\rho = (\overline{M} - 16) / 13.3 \tag{3-25}$$

$$当 20 < \overline{M} < 250 \ 时：\rho = (\lg \overline{M} - 0.74) / 1.842 \tag{3-26}$$

表 3-6 为地层流体密度和平均相对分子质量判别油气藏类型标准。

表 3-6　地层流体密度和平均相对分子质量判别油气藏类型标准

油气藏类型	地层流体密度（g/cm³）	平均相对分子质量
气藏	<0.225~0.25	<20
凝析气藏	0.225~0.45	20~40
挥发性油藏	0.425~0.65	35~80
普通黑油油藏	0.625~0.90	75~275
重质油藏	>0.875	>22.5

渤中凹陷各井段的地层流体密度和平均相对分子量判别结果如图 3-4 所示，从气藏、凝析气藏、挥发性油藏到油藏，烃类体系的地层流体密度和平均相对分子量逐渐增加，这是由于烃类体系中重组分含量的增加所致。BZ19-6 井区的地层流体密度和平均相对分子质量集中分布在凝析气藏和挥发性油藏之间的过渡带，说明该处并非典型凝析气藏。

4）φ_1 参数判别法

φ_1 参数计算公式为：

$$\varphi_1 = \frac{C_2}{C_3} + \frac{C_1 + C_2 + C_3 + C_4}{C_{5+}} \tag{3-27}$$

根据 φ_1 参数判别油气藏类型标准如表 3-7 所示：

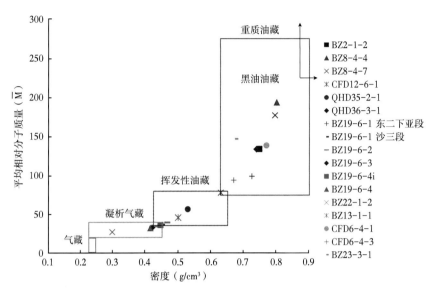

图 3-4　地层流体密度和平均相对分子量判别油气藏类型图

表 3-7　φ_1 参数判别油气藏类型标准

$\varphi_1 > 450$	气藏
$80 < \varphi_1 \leq 450$	无油环凝析气藏
$60 \leq \varphi_1 \leq 80$	带小油环凝析气藏
$15 < \varphi_1 \leq 60$	带较大油环凝析气藏，φ_1 越小油环越大
$7 < \varphi_1 \leq 15$	凝析气顶油藏
$2.5 < \varphi_1 \leq 7$	挥发性油藏（$3.8 < \varphi_1 < 7$ 为凝析气藏中的含油层）
$1 < \varphi_1 \leq 2.5$	普通黑油油藏
$1 \leq \varphi_1$	高黏度重质油藏

根据地层流体组成数据，计算出渤中凹陷各井段的 φ_1 参数如图 3-5 所示，渤中 19-6 各井段的 φ_1 参数分布在 11.8~14.9，判别结果为凝析气顶油藏。

5）凝析气藏是否带油环判别方法

（1）C_{5+} 含量判别法。

根据烃类流体组成中 C_{5+} 摩尔分数判别凝析气藏是否带油环，若 C_{5+} 含量大于 1.75% 为带油环的凝析气藏；C_{5+} 含量小于 1.75% 则为无油环凝析气藏。判别结果如图 3-6 所示，渤中 19-6 均为带油环凝析气藏，而渤中 22-1-2 纯气藏不带油环。

（2）C_1/C_{5+} 值判别法。

根据烃类流体组成中 C_1/C_5 值大小判别，当 $C_1/C_{5+} < 52$ 时，为带油环凝析气藏；当 $C_1/C_{5+} > 52$ 时，为无油环凝析气藏。判别结果如图 3-5 所示，渤中 19-6 均为带油环凝析气藏，而渤中 22-1-2 纯气藏不带油环。

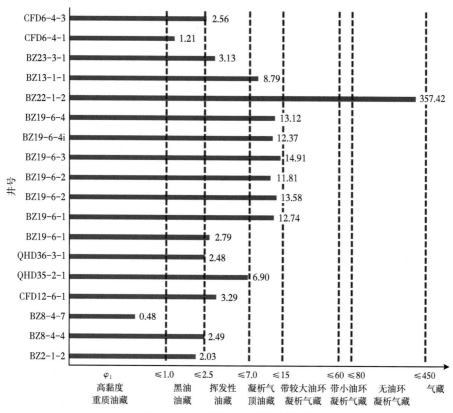

图 3-5　φ_1 参数油气藏类型判别图

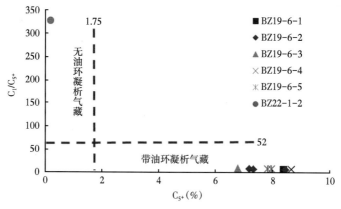

图 3-6　C_{5+} 含量和 C_1/C_{5+} 值判别凝析气藏是否带油环

（3）等级分类判别法。

根据地层流体组成计算以下四个特征参数：

$$F_1 = \frac{C_1}{C_{5+}} \tag{3-28}$$

$$F_2 = \frac{C_2 + C_3 + C_4}{C_{5+}} \tag{3-29}$$

$$F_3 = \frac{C_2}{C_3} \tag{3-30}$$

$$F_4 = C_{5+} \tag{3-31}$$

每个参数按其值大小分为六个等级，等级标准如表 3-8 所示。

表 3-8 等级分类等级号表

特征参数	等级号					
	5	4	3	2	1	0
F_1	0~25	>25~50	>50~75	>75~100	>100~125	>125
F_2	0~2	>2~4	>4~6	>6~8	>8~10	>10
F_3	1~2	>2~3	>3~4	>4~5	>5~6	>6
F_4	0.3~1.3	>1.3~2.3	>2.3~3.3	>3.3~4.3	>4.3~5.3	>5.3

计算出每个参数的值，按表中排定的等级分等，然后以各等级号之和 φ 作为判别标准：$\varphi > 11$ 为带油环凝析气藏；$\varphi < 9$ 为无油环凝析气藏；$\varphi = 9 \sim 11$ 为两种类型混合带。渤中 19-6 各井段的 φ 值计算结果均大于 11，为带油环凝析气藏；而 BZ22-1-2 井的 φ 值小于 9，为无油环的气藏（图 3-7）。

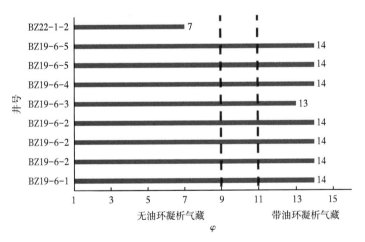

图 3-7 等级分类法判别凝析气藏是否带油环

（4）Z 因子判别法。

用 Z_1 和 Z_2 两个参数判别：

$$Z_1 = \frac{0.88C_{5+} + 0.99\dfrac{C_1}{C_{5+}} + 0.97\dfrac{C_2}{C_3} + 0.99F}{3.71} \tag{3-32}$$

$$Z_2 = \frac{0.79C_{5^+} + 0.98\dfrac{C_1}{C_{5^+}} + 0.97\dfrac{C_2}{C_3} + 0.99F}{3.71} \tag{3-33}$$

$$F = \frac{C_2 + C_3 + C_4}{C_{5^+}} \tag{3-34}$$

判别标准为：Z_1 和 Z_2 均小于 17 时，为带大油环的凝析气藏；$17 < Z_1 < 21$，$17 < Z_2 < 20.5$ 时，为带小油环的凝析气藏；$Z_1 > 21$，$Z_2 > 20.5$ 时，为无油环凝析气藏。渤中 19-6 各井段计算结果 Z_1 值介于 $5.15 \sim 5.58$，Z_2 值介于 $4.91 \sim 5.37$，Z_1 和 Z_2 均小于 17，判断为带大油环的凝析气藏。

2. 相图判别法对油气藏相态类型的识别

相图判别法是根据油气藏原始条件（温度及压力）与临界点的相对位置关系和相图的形态进行判别，因为油气藏烃类体系组成不同时，其相图的形状和相包络线上临界点的位置也将变化。如图 3-8 由地层温度等温降压线和临界点的相对位置，判断油气藏的类型。黑油油藏和挥发性油藏地层温度等温降压线都位于临界点左侧，黑油油藏远离临界点，且地层压力与饱和压力压差较大，而挥发性油藏靠近临界点，且地层压力与饱和压力压差较小；凝析气藏和气藏的地层温度等温降压线则都位于临界点右侧，凝析气藏靠近临界点，而气藏远离临界点，即气藏地层温度远大于临界温度。

图 3-9 是不同油气藏相图的相对位置及形态差异示意图。可以看出，从气藏到油藏最明显的不同是临界点的差异。气藏临界温度低，但临界压力高，通常在 p—T 相图左上位置；油藏则与气藏相反，其临界温度高，但临界压力低，相包络线位于 p—T 相图右下的位置；凝析气藏和挥发性油藏则介于气藏和油藏之间。

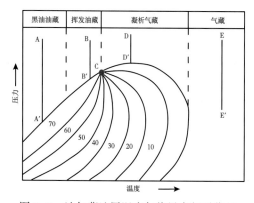

图 3-8　油气藏地层温度与临界点相对位置

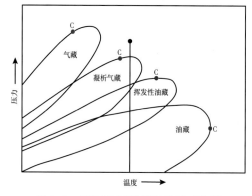

图 3-9　不同油气藏相图的相对位置

不同的油气藏，在相图上的差别表现在三个方面：（1）相图的位置（即温度、压力范围）；（2）两相区的宽窄、面积大小以及等液量线的分布间隔；（3）相包络线上临界点的位置及其与油气藏原始条件（温度、压力）的相对关系（图 3-10）。

可以看出，地层温度等温降压线与临界点的位置关系是判别挥发性油藏与凝析气藏的

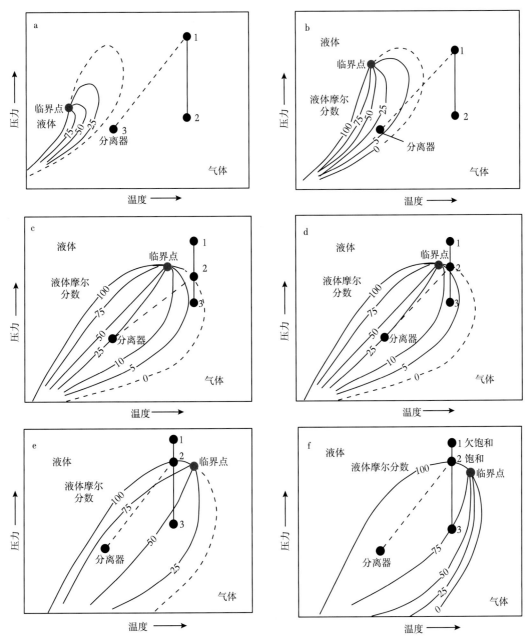

图 3-10 各类油气藏的相图特征

a—干气藏；b—湿气藏；c—凝析气藏；d—近临界态凝析气藏；e—高挥发性油藏；f—黑油油藏

关键，对于近临界态凝析气藏和高挥发性油藏，准确确定其烃类流体的临界点尤为重要，理论计算方法难以准确确定，最好采用实验方法来测定。

四、烃类流体相态特征

通过地层流体组分特征和模拟相图，分别对凝析气藏、高挥发性油藏、黑油油藏和纯气藏具有代表性井段的烃类流体相态特征进行了详细分析。

1. 凝析气藏流体相态特征

以 BZ19-6-3 井 E_2k_1 的地层流体样品为例，根据地层流体组成：C_1+N_2 含量为 66.84%，$C_2\sim C_6+CO_2$ 含量为 26.71%，C_{7+} 含量为 6.45%，置于流体三元组成三角图上，如图 3-11 所示，从流体组成看该样品 C_{7+} 含量小于 11%，属于凝析气藏范围。

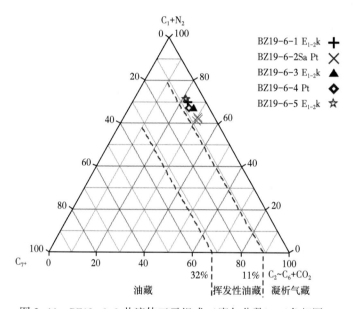

图 3-11　BZ19-6-3 井流体三元组成（摩尔分数）三角相图

从 BZ19-6-3 井凝析气样品相态模拟结果可知，临界温度 49.7℃，临界压力 44.79MPa，临界凝析压力（p_m）48.73MPa，临界凝析温度（T_m）398.8℃。地层温度下露点压力为 48.28MPa，地层压力与露点压力差仅 0.36MPa，地层温压（R）条件下烃类流体呈单一气相，压力稍有下降就会析出凝析液，烃类流体由单一气相转变为油气两相。随着压力下降，反凝析液量增大，当压力下降到 27.62MPa 时，达到最大反凝析液量 24.61%。这种反凝析现象的原因是由于压力降低，烃分子距离加大，分子间引力减小，特别是气态轻烃分子对重烃分子的引力降低，重烃分子就从轻烃中析出，形成凝析油。地层温度等值线介于临界温度与临界凝析温度之间，地层压力大于临界压力，但与露点压力接近，地层压力与露点压力压差小，凝析油含量 509.45g/m³ 较高，属于高含凝析油态凝析气藏。

2. 高挥发油藏流体相态特征

以 QHD35-2-1 井 E_3d_3 地层流体样品为例，根据地层流体的分类组成：C_1+N_2 含量为 65.4%，$C_2\sim C_6+CO_2$ 含量为 19.32%，C_{7+} 含量为 15.28%，置于流体三元组成三角图上，如图 3-12 所示，地层流体 C_{7+} 含量介于 11%~32%，属于挥发性油藏范围。

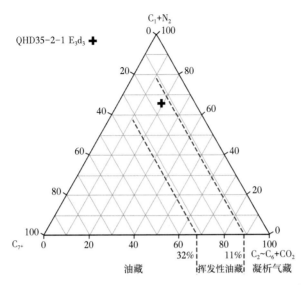

图 3-12 QHD35-2-1 井东三段流体组成（摩尔分数）三角图

根据相态模拟结果，临界温度 211.8℃，临界压力 37.84MPa，临界凝析温度（T_m）514.9℃。地层温度、压力条件下烃类体系以单相液体存在，当压力低于泡点压力时，烃类体系开始释放出气体，地层流体由单一液相转变为气液两相。地层温度略小于临界温度，地层温度等值线处于临界点左侧，地层压力与饱和压力压差较小，是高挥发性油藏特征。

3. 黑油油藏流体相态特征

以 QHD36-3-1 井 E_3d_3 地层流体样品为例，根据地层流体的分类组成：C_1+N_2 含量为 35.67%，$C_2\sim C_6+CO_2$ 含量为 20.31%，C_{7+} 含量为 44.02%，置于流体三元组成三角图上，如图 3-13 所示，地层流体 C_{7+} 含量大于 32%，属于黑油油藏范围。

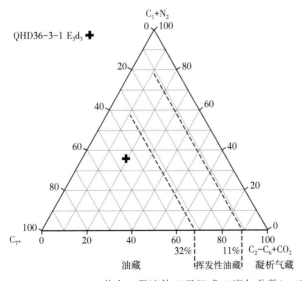

图 3-13 QHD36-3-1 井东三段流体三元组成（摩尔分数）三角图

根据相态模拟结果，黑油流体相图特征为临界温度和临界凝析温度都很高，临界凝析温度（T_m）高达435.8℃，而临界压力较低（12.1MPa）。地层温度、压力条件下流体呈单一液相。地层温度远小于临界温度，地层压力与饱和压力相差很大，两者压差达到29.34MPa，地层温度等值线处于临界点左侧，且远离临界点。

4. 气藏流体相态特征

以 BZ22-1-2 井 Pz 地层流体样品为例，根据地层流体的分类组成：C_1+N_2 含量为59.32%，$C_2\sim C_6+CO_2$ 含量为40.56%，C_{7+} 为含量0.12%，置于流体三元组成三角图上，如图3-14所示，地层流体重组分 C_{7+} 含量极少，仅占0.12%，属于干气范围。

根据相态模拟结果，干气藏地层流体相图特征表现为临界温度和压力都较低，临界凝析温度仅8.4℃，地层温度等值线位于临界点右侧，且远离临界点。地层温度、压力远大于临界温压，地层和地面条件下流体均呈单一气相，不穿过两相区，地下和地面均无液态烃析出。

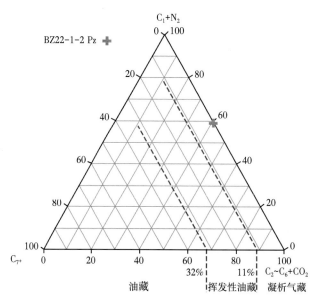

图 3-14　BZ22-1-2 井古生界流体三元组成（摩尔分数）三角图

第二节　渤中 19-6 凝析气藏相态成因分析

一、渤中 19-6 凝析气藏相态成因

在富油气凹陷中，不同成因类型的凝析气藏在流体性质、相态特征、地球化学特征以及分布规律等方面都具有明显的差异，这是判别不同成因类型凝析气藏的理论依据。对凝析油气体系中的天然气和凝析油进行研究，是进一步研究凝析气藏成因机制的重要途径。

1. 凝析气藏类型划分

凝析气藏的划分标准有很多，通常根据其成因或相态特征划分，如表3-9所示，根据凝析气藏成因，可分为原生和次生两种成因类型。次生凝析气藏按成因又可分为原油裂解型、运移分异型、逆蒸发成因型和气侵富化型。根据凝析气藏相态又可将其分为带油环凝析气藏和不带油环的纯凝析气藏。

表 3-9 凝析气藏分类表

划分依据	凝析气藏类型		
成因	原生凝析气藏		
	次生凝析气藏	运移分馏型	
		原油裂解型	
		气侵富化型	
		逆蒸发成因型	
凝析气藏相态	带油环凝析气藏		
	纯凝析气藏		

1）原生凝析气藏

原生凝析气藏是指有机质热演化直接生成凝析气，并以凝析气相在运移、成藏过程中烃类体系的组成和相态基本保持不变的凝析气藏，通常为不带油环的纯凝析气藏，且气油比较大（大于 $2000m^3/m^3$）。根据 Tissot 干酪根晚期热降解生烃理论，凝析气是腐泥型有机质高演化阶段（$R_o = 1.3\% \sim 2.1\%$）的产物，但也有学者指出腐殖型有机质在低成熟阶段（$R_o = 0.5\% \sim 1.0\%$）也可生成凝析气。

由 BZ19-6-1 井古近系烃源岩热演化史可知，烃源岩在埋深小于 4000m 时，R_o 介于 $0.5\% \sim 0.9\%$ 之间，为生液态烃阶段，且渤中 19-6 构造区发现的凝析气藏判定结果均为带油环凝析气藏，气油比不超过 $1600m^3/m^3$，烃类相态特征与原生凝析气藏不符，故非原生型凝析气藏。

2）原油裂解型凝析气藏

原油裂解型凝析气藏是早期油藏在高温条件下原油发生二次裂解而形成的次生型凝析气藏，通常带有较大油环。前人通过封闭体系的热解模拟研究，认为原油在地层温度大于 160℃ 的条件下开始发生裂解，且原油二次裂解和干酪根在初次降解形成的天然气 C_1/C_2 值和 C_2/C_3 值差异很大，可以利用 $\ln(C_1/C_2)$ 和 $\ln(C_2/C_3)$ 关系图区分原油裂解气和干酪根裂解气。

Lorant 等利用乙烷、丙烷组分与碳同位素建立了天然气成因判别图版，能很好的区分各类成因的天然气，目前被广泛应用。渤中 19-6 构造带凝析气藏天然气的 $\ln(C_1/C_2)$ 与 $\ln(C_2/C_3)$ 关系图和 Lorant 天然气成因判别图分别如图 3-15 和图 3-16 所示，判别结果显示：$\ln(C_1/C_2)$ 介于 $1.79 \sim 2.25$，$\ln(C_2/C_3)$ 介

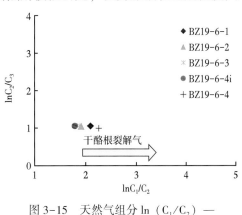

图 3-15 天然气组分 $\ln(C_1/C_2)$ — $\ln(C_2/C_3)$ 图

于 0.98~1.07，具干酪根裂解气特点；C_2/C_3 为 2.85~2.92，$\delta^{13}C_2$-$\delta^{13}C_3$ 介于-1.5~-0.7，属于干酪根裂解气范围。统计发现渤中 19-6 构造带凝析气藏地层温度介于 134.1~156.9℃，尚未达到原油裂解温度。综合判别认为渤中 19-6 构造带凝析气藏非原油裂解成因。

值得注意，温度虽是促使原油发生裂解生成天然气的主要因素，但并非唯一影响因素。不同地质环境下（压力、接触介质等），原油发生裂解生成天然气的条件差异较大。赵文智等（2007）详细研究了不同赋存状态液态烃的裂解条件，认为在不同介质条件下原油裂解温度差异较大，其中碳酸盐岩对原油裂解影响最大，可大大降低甲烷活化能，导致原油裂解温度降低，泥岩次之，砂岩影响最小。而压力对原油裂解作用的影响较为复杂，通常压力增大对原油裂解生成天然气有一定抑制作用。

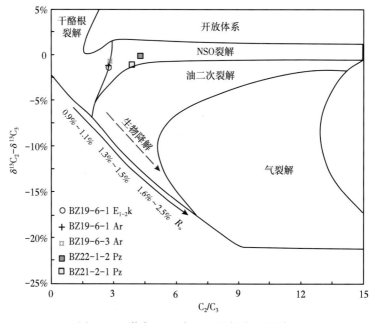

图 3-16　渤中 19-6 气田天然气成因判别图

2. 逆蒸发成因

随埋深增大，温度和压力增高，油气藏中的液态烃逐渐在气态烃中溶解和蒸发，从而形成逆蒸发成因型凝析气藏，该类凝析气藏通常带有油环或以凝析气顶的形式存在。其形成机制与运移分馏型凝析气藏相反，运移分馏型是由于温压降低，天然气从液态烃中析出而形成；而逆蒸发成因型恰恰相反，因温度、压力升高，液态烃在气态烃中溶解和蒸发而形成，但温度尚未超过原油裂解温度，仅促使了液态烃的蒸发，而未使其二次裂解成气。

由渤中 19-6-1 井埋藏史可知，新近系沉积期以来，埋深大幅增加。主力成藏期（距今 5Ma）以来，埋深增加了约 1100m，该地区地温梯度约 3.4℃/100m，故主力成藏期以来地层温度增加了约 37.4℃。温度升高促使油藏中液态烃逐渐在气态烃中溶解和蒸发，从而转变为带油环或凝析气顶的凝析气藏。渤中 19-6 构造带油藏类型判别结果多为带油环凝析气藏或凝析气顶油藏，与逆蒸发成因型凝析气藏相态特征相吻合。因此，该地区凝析气藏的形成有逆蒸发作用的贡献，其形成过程如图3-17所示：原始地层温度小于临界温度，烃类流体呈单一液相，埋深增大使地层温度大于临界温度，即地层等温降压线下移，烃类流体由液相转变为凝析气相，形成逆蒸发成因的凝析气藏。

3. 气侵成因

随着新近系以来埋深大幅增加，渤中凹陷烃源岩成熟度迅速增高开始大量生气，深部的天然气沿不整合面和深大断裂充注早期形成的油藏，从而形成气侵富化型凝析气藏。以下是渤中19-6凝析气藏遭受气侵的证据：

1）凝析油气物理性质

渤中19-6凝析气藏天然气碳同位素测试数据显示，甲烷碳同位素值介于-38.8‰~-37.97‰，乙烷碳同位素为-27.0‰~-25.42‰，丙烷碳同位素为-25.6‰~-24.4‰。由于渤中19-6深层天然气为典型热成因气，因此可以利用戴金星

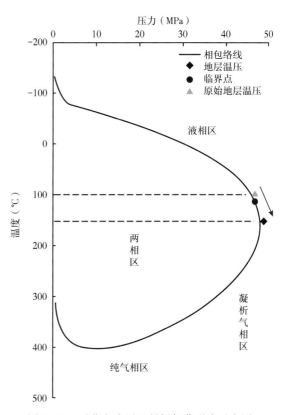

图3-17 逆蒸发成因型凝析气藏形成示意图

（1989）和沈平等（1991）总结出的$\delta^{13}C_1$—R_o经验公式计算天然气的成熟度，两种公式计算的R_o值介于1.61%~1.85%（表3-10），而渤中19-6构造区烃源岩R_o小于0.9%，未达到生气阶段，说明渤中19-6天然气是渤中凹陷内较深层烃源岩在高成熟热演化阶段的产物。

表3-10 渤中19-6天然气碳同位素数据表

井号	层位	深度（m）	碳同位素 $\delta^{13}C$（‰）					计算 R_o（%）	
			$\delta^{13}C_1$	$\delta^{13}C_2$	$\delta^{13}C_3$	$\delta^{13}C_1$—$\delta^{13}C_2$	$\delta^{13}CO_2$	戴金星公式	沈平公式
BZ19-6-1	Ar	4043.4~4142	-38.8	-27.0	-25.6	11.8	-3.6	1.64	1.61
BZ19-6-1	$E_{1-2}k$	3566.8~3634	-38.5	-27.0	-25.5	11.5	-7	1.71	1.66
BZ19-6-2Sa	Ar	3879~3998.7	-38.64	-26.61	-24.40	12.03	—	1.68	1.64
BZ19-6-2	Ar	3874~3923.5	-38.66	-25.77	-24.60	12.89	—	1.68	1.64
BZ19-6-3	Ar	4079.19	-37.97	-25.42	-24.70	12.54	—	1.85	1.76

$\delta^{13}C_2$-$\delta^{13}C_1$值同样是衡量天然气成熟度的有效指标，随着成熟度增高，其差值变小。在高成熟演化阶段（R_o为1.5%~2.4%），这一差值一般在5‰~12‰左右，而在过成熟阶

段（R_o 为 2.4%~3.6%），该值变小，甚至出现负值（-2‰~5‰）。渤中 19-6 天然气 $\delta^{13}C_2-\delta^{13}C_1$ 值介于 11.5‰~12.89‰，对应 R_o 约为 1.5%，处于主生气阶段。综上所述，渤中 19-6 凝析气藏中的天然气是渤中凹陷深层烃源岩达到高成熟热演化阶段的产物。晚期天然气充注改造早期油藏，会导致凝析油中蜡含量增高，油质比正常凝析油重（张水昌，2000）。渤中 19-6 凝析油平均密度为 0.798g/cm³（20℃），相对于正常凝析油密度（约 0.74g/cm³）偏大，且蜡含量高，平均可达 13.7%（表 3-10）。这些数据印证了渤中 19-6 构造区遭受过气侵。

2）凝析油的甾烷、萜烷质谱图特征

通过对比渤中 19-6 浅层和深层原油的甾烷（m/z=217）、萜烷（m/z=191）分布特征发现，深层太古宇和孔店组的原油样品遭受了明显的气侵，其凝析油甾烷、萜烷消耗明显，4—甲基甾烷、三环萜烷和伽马蜡烷含量明显低于浅层馆陶组和沙一段未被气侵的原油样品。

3）储层流体包裹体和沥青特征

渤中 19-6 凝析气藏储层中油包裹体发育丰度很高，GOI 值高达 80%。通过流体包裹体荧光显微观察发现主要为黄绿色荧光的低成熟轻质油包裹体（图 3-18a），深部储层中（$E_{1-2}k$ 和 Ar）深灰色气体包裹体和蓝白色荧光的高成熟富气包裹体较发育（图 3-18b），深层气体包裹体发育丰度高于浅层，反映了深层遭受过气侵。

渤中 19-6 凝析气藏圈闭上部普遍发育沥青，储层岩心裂缝和孔隙中均可见深褐色、黑褐色的固体沥青（图 3-18c、d）。显微镜下裂缝和粒间孔隙中同样可见深褐色、黑褐色的固体沥青（图 3-18e1、f1、g），UV 激发荧光下呈黄白色荧光（图 3-18e2、f2），具油质沥青特征。根据沥青反射率与镜质组反射率公式计算得到的沥青等效镜质组反射率仅为 0.9%，反映沥青为气侵成因（周心怀，2017）。

晚期天然气的气侵作用，会导致原始油藏烃类体系中轻组分（以甲烷为主）的含量增加，油气相态随之发生改变。以 BZ2-1-3 井为例，通过增加烃类体系中甲烷含量，模拟气侵过程中油气相态变化过程，结果显示：随甲烷含量增加（气侵强度增加），烃类体系临界温度降低，临界压力升高，临界点从右向左偏移，原始油藏转变为凝析气藏。

甲烷含量增加量与临界温度关系如图 3-19，当 C_1 含量增加 10% 后，临界温度由 461.5℃下降到 443.0℃，当 C_1 含量增加 20% 后，临界温度由 461.5℃下降到 358.6℃，当 C_1 含量增加 30% 后，临界温度由 461.5℃下降到 93.1℃，此时烃类体系临界温度降低到小于地层温度，烃类流体由液相转变为凝析气相，形成气侵富化型凝析气藏。

气侵型凝析气藏的相态特征与气侵强弱关系密切，若气侵强度大，即甲烷含量增加的多，则可形成不带油环且气油比较大的纯凝析气藏；若气侵强度小，则可形成带油环且气油比较小的凝析气藏。因此，气侵强度的差异影响着油气相态的多样性。渤中 19-6 凝析气藏相态类型识别结果为带油环凝析气藏，且气油比平均值为 1269m³/m³，相对较小，说明气侵强度相对较弱。

4）深部幔源无机 CO_2 流体活动

渤中 19-6 凝析气藏地层流体组分中高含 CO_2，平均高达 11.24%，测得二氧化碳碳同位素介于-7.0‰~-3.6‰，判断为无机成因气。周心怀等（2017）通过 $\delta^{13}C_{CO_2}$ 和 $^3He/^4He$

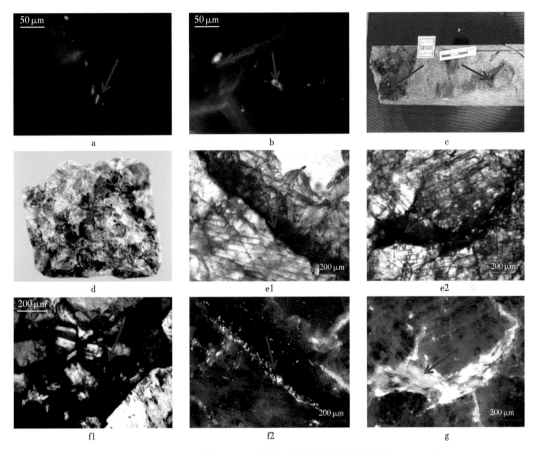

图 3-18 渤中 19-6 流体包裹体显微特征和沥青

a—E_{1-2}k，3735m，黄绿色轻质油气包裹体，成熟度较低（荧光）；b—E_{1-2}k，3735m，蓝白色富气轻质油气包裹体，成熟度较高（荧光）；c—Ar，4678.8m，岩心裂缝中呈黑褐色的固体沥青；d—E_{1-2}k，3610m，岩心孔隙中深褐色、黑褐色固体沥青；e1、e2、f1、f2—Ar，4678.8m，裂缝中充填的黑褐色固体沥青，呈黄白色荧光（e1、f1 单偏，e2、f2 荧光）；g—$E_2s_3{}^L$，3585m，粒间孔隙中充填的黑褐色固体沥青（单偏光）

（R_a）值，进一步证实了 CO_2 为火山幔源无机成因气（图 3-20），认为幔源无机成因 CO_2 主要来源于富 CO_2 地幔的脱气作用。

富含 CO_2 会影响烃类流体的相态特征，利用 PVT 相态软件模拟油藏烃类体系随 CO_2 含量增加相图的变化特征，结果如图 3-21 所示。

可以看出，随着 CO_2 含量增加，烃类体系的临界温度降低，临界压力和饱和压力升高，临界点从右向左偏移，烃类体系相图向轻质化特征转变（向左收缩变窄）。CO_2 含量增加量与临界温度关系如图 3-21：当 CO_2 含量增加 10% 后，临界温度由 506.1℃ 下降到 446.9℃；当 CO_2 含量增加 20% 后，临界温度由 506.1℃ 下降到 322.2℃；当 CO_2 含量增加 30% 后，临界温度由 506.1℃ 下降到 115.7℃。故 CO_2 含量增加有助于油藏转变为凝析气藏。侯大力等利用无汞可视化 DBR—PVT 实验装置，进行了注 CO_2 增溶膨胀相态实验，实验测试结果与模拟结果一致。

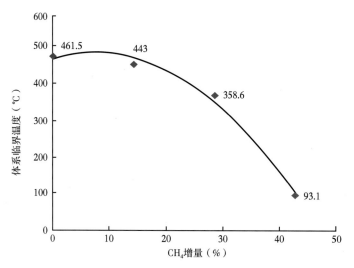

图 3-19　甲烷含量增加量与临界温度关系图

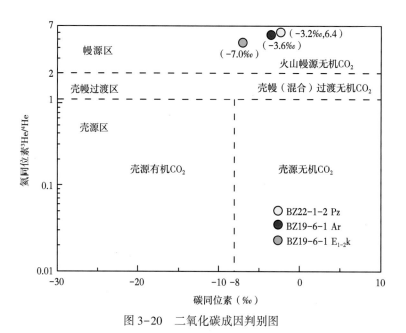

图 3-20　二氧化碳成因判别图

5）渤中 19-6 凝析气藏综合成因机制

综上分析认为，渤中 19-6 凝析气藏是逆蒸发、晚期天然气气侵和深部幔源无机 CO_2 流体活动等因素综合作用形成的次生凝析气藏。新近纪以来埋深增温导致的逆蒸发作用为液态烃逐渐在气态烃中溶解和蒸发提供条件，同时渤中凹陷深层烃源岩生成的大量天然气和深部幔源无机 CO_2 在晚期大规模充注早期形成的油藏，使油藏烃类体系中气态烃（C_1 + CO_2）含量增加，不仅为油藏中液态烃在气态烃中溶解提供物质基础，而且导致烃类体系的临界温度明显降低，当临界温度小于地层温度，进入临界凝析温度区间，即可形成现今

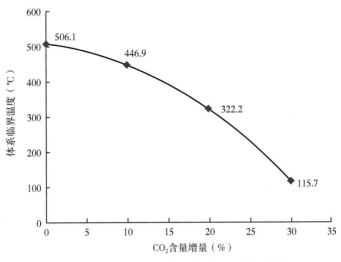

图 3-21 CO_2 含量增加量与临界温度关系图

的次生凝析气藏。在凝析气的形成过程中，晚期天然气和深部幔源无机 CO_2 的大规模充注对于渤中 19-6 凝析气藏的最终定型起到了决定性作用。据此，提出了晚期天然气充注强度决定油藏最终相态的渤中深层油气差异充注相变模式，即如图 3-22 示：随着天然气充注强度从小到大，依次形成油藏、高挥发性油藏、带油环凝析气藏、凝析气藏、气藏，而大量 CO_2 气体充注会加速油藏向气藏方向转变。

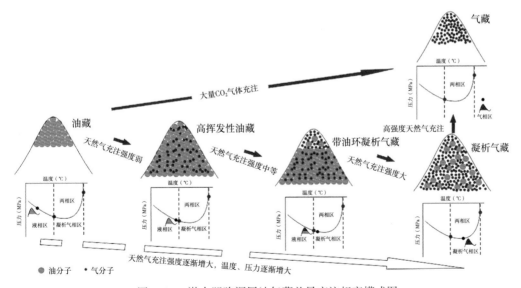

图 3-22 渤中凹陷深层油气藏差异充注相变模式图

二、渤中19-6构造与渤中21/22构造的对比

1. 天然气组分及成因的差异分析

近年来，在渤中21-2和渤中22-1构造区古生界中—下奥陶统碳酸盐岩潜山中发现了较大规模的天然气储量。天然气组分分析显示：CH_4含量为59.6%，$C_2 \sim C_6$含量为5.34%，几乎不含C_{7+}重烃，CO_2含量高达34.6%；二氧化碳碳同位素测试为-3.2‰，判断为幔源无机成因（图3-20），与渤中19-6凝析气藏中的CO_2成因相同，但含量远大于渤中19-6构造区。这与渤中21/22构造区发育的多条基底深大断裂有关，新构造运动期，基底深大断裂活动性增强成为幔源无机CO_2运移的主要优势通，深大断裂活动的差异性导致了幔源无机CO_2在渤中19-6和渤中21/22构造区含量上的差异性。

渤中21/22构造区地层温度可达173℃，高于邻区渤中19-6构造带，可能是由于深部幔源无机CO_2强烈活动引起的热异常，这一方面促使了该构造区烃源岩成熟度高于渤中19-6构造带。渤中21/22构造区烃源岩R_o介于0.95%~1.6%，处于主生气阶段，埋深大于5000m的烃源岩R_o超过2.0%，而渤中19-6构造区烃源岩R_o普遍小于0.9%。对BZ22-1-2井烃源岩热演化史进行分析，结果显示烃源岩R_o达到1.5%，进入主生气阶段。胡贺伟等（2016）对BZ21-2-1井烃源岩热演化史进行了分析，结果与BZ22-1-2井成熟度相似。另一方面，地层温度增高达到原油裂解温度（约160℃），促使原油裂解成气。渤中21-2构造天然气组分中C_2/C_3为3.86，$\delta^{13}C_2-\delta^{13}C_3$为-1‰；渤中22-1构造天然气$C_2/C_3$为4.4，$\delta^{13}C_2-\delta^{13}C_3$为-0.4‰，天然气成因判别结果均显示为NSO裂解气，与渤中19-6构造区天然气成因不同。

2. 成因机制及油气成藏过程差异的探讨

结合上述对渤中21/22构造区气藏天然气组分和成因的分析，结合渤中19-6和渤中21/22构造位置关系，认为渤中21/22构造区纯气藏的成因一方面是沿基底深大断裂活动的幔源无机CO_2流体活动，不仅使烃类体系中富含CO_2，大大降低烃类体系临界温度，而且引起热异常促使该构造区烃源岩成熟度增高，达到主生气阶段，同时导致地温升高促使原油发生NSO裂解成气；另一方面渤中21/22构造区与渤中19-6构造区相比更靠近渤中凹陷，故凹陷中烃源岩晚期大量生成的天然气优先充注渤中21/22构造区，其气侵强度大于渤中19-6。因此，在深部幔源无机CO_2流体活动和晚期天然气气侵等因素共同作用下形成了渤中21/22纯气藏。

渤中深层油气成藏过程为：渤中凹陷烃源岩在古近纪末期（距今24Ma）开始进入主生油期，原油沿着不整合面和断层运移至潜山构造带，形成早期深层油藏；在新构造运动期（12Ma以来）构造运动增强，早期油藏发生调整，部分原油沿断层运移至浅层新近系圈闭内，形成浅层油田；明化镇组上段沉积末期（2Ma），凹陷中烃源岩整体进入高成熟阶段开始大量生气，天然气沿着不整合面和断层优先充注离凹陷最近的渤中21/22构造，由于充注强度大，同时在深部幔源CO_2流体作用下，将其改造为现今的纯气藏；随着离凹陷的距离增大，天然气气侵强度降低，将深层原始油藏依次改造为渤中19-6带油环的凝析气藏和渤中13-1高挥发性油藏，因天然气充注强度的差异而形成不同相态类型的油气藏。

第四章 流体动力与输导体系

输导体系展布和流体动力演化影响了油气运移的方向和距离，一定程度上制约了含油气系统内油气运聚规模和圈闭能否成藏的概率。基于井震数据，结合沉积相，描述输导体系发育特征，结合数值模拟软件搭建高渗透率岩体、断层和不整合面地层格架。通过试油/气层段温、压测试和部分钻井液密度折算压力，分析现今温压特征。应用综合压实曲线法和鲍尔斯法，结合 PetroMod 软件评价超压成因。基于地层格架和岩相设置，优选模拟参数，对模拟结果进行有效性验证，对古流体压力场进行恢复和演化。在运聚单元划分和优势运移路径预测的宏观地质背景下，利用地球化学指标约束原油优势运移方向。

第一节 流体动力场

一、超压成因

超压成因判识是研究超压特征和恢复古流体压力的理论基础，根据前人总结和本文研究，将渤中凹陷超压成因归类为沉积型超压、断裂传递型超压和生烃增压。

1. 沉积型超压

沉积型超压是指在沉积物埋藏、成岩过程中，由于上覆岩层负荷增大导致地层排水不畅产生了不均衡压实现象，形成的超压称为沉积型超压。应用泥岩综合压实曲线对比法来判识沉积型超压发育层段，在此基础上，利用等效深度法计算该类型超压。

对渤中凹陷西南洼和北洼泥岩综合压实曲线的编制发现，其值分别在 2100m 和 2000m 以下呈现规律性的电阻率减小、岩石密度减小、补偿中子增大，与声波时差异常偏高具明显对应关系，综合判定超压成因为欠压实（图 4-1，图 4-2）。泥岩声波时差与电阻率表现出较为明显的"镜像"特征，综合曲线由上至下呈现三段式压实模式（图 4-1，图 4-2）：第一阶段主要分布在埋深小于 2000m 的明化镇组和馆陶组上部，表现有随着埋藏深度的增加，泥岩声波时差呈线性降低，密度值呈线性增大，电阻率正常增加，为正常压实段；第二阶段主要分布在埋深 2700~3300m 的馆陶组下部和东营组二段上部地层，表现有随着埋藏深度的增加，泥岩声波时差增大，密度正常降低，电阻率有着较为明显的增大，为弱不均衡压实段（过渡段）；第三阶段深度大于 3300m，出现的层位主要集中在东营组二段以下，表现为随着埋藏深度的增大，声波时差正常变小，密度呈现正常变大，电阻率正常变大，中子也呈一个变小的趋势，为中—强不均衡压实段（图 4-1，图 4-2）。现今超压发育层段与泥岩中—强压实阶段深度一致，进一步证实泥岩中超压来自不均衡压实。

沉积型超压与渤中凹陷宏观地质背景耦合较好，证据如下。

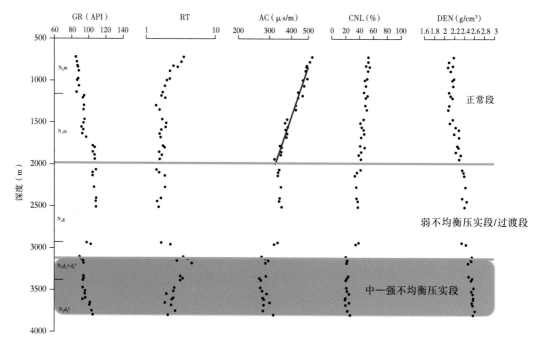

图 4-1　渤中凹陷西南洼 BZ19-6-1 井典型泥岩综合压实曲线特征

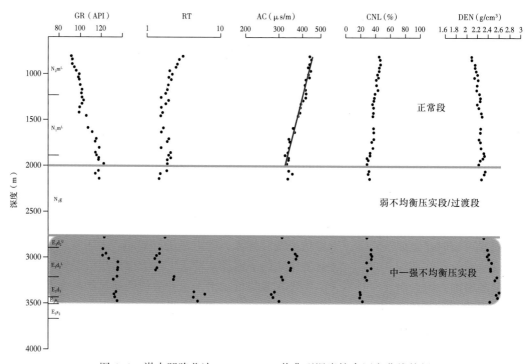

图 4-2　渤中凹陷北洼 QHD36-3-3 井典型泥岩综合压实曲线特征

1) 地层沉积速率大

不均衡压实产生的超压主要发育在新生代岩性颗粒细，沉积速率高的沉积盆地中。国内外典型沉积盆地中具沉积型超压的地层或其上覆地层一般均相继经历了快速沉积，沉降的演化历史（表4-1），其沉积速率一般表现为大于100m/Ma，该值通常在300~400m/Ma，甚至更高。本文对渤中凹陷各次洼钻遇深层40余口探井东营组和沙河街组地层厚度进行统计，结合地层年代分析，计算了对应层位不同时期的沉积速率。依据压实校正和剥蚀厚度恢复后的数据显示渤中凹陷西南洼、西洼和北洼东营组的沉积速率在东营组沉积期分别约160m/Ma、130m/Ma和110m/Ma。沙河街组的沉积速率普遍小于100m/Ma，此种方法统计导致沙河街组积速率低的原因是，一方面，现有的探井均分布在潜山，沙河街组沉积薄；另一方面，在斜坡部位少部分完钻井时仍未钻穿沙河街组。因此，该数据对于评价渤中凹陷沙河街组的沉积速率不具参考意义。反之，多数探评井均钻穿东营组。将少部分未钻遇东营组层段排除后发现，渤中凹陷东营组沉积期速率介于102~198m/Ma，表明渤中凹陷在东营组沉积期以来，其地层经历了快速沉积/沉降的演化历史。

表4-1　国内外典型沉积型超压盆地的沉积速率统计

	盆地	年代	层位	沉积速率
国内	莺歌海盆	中新统	陵水组 三亚组	陵水期沉积速率大于450m/Ma； 三亚期沉积速率为350~400m/Ma
	琼东南盆地	中新统	陵水组 三亚组 梅山组	上新世和第四纪，沉积速率1000m/Ma； 中新世梅山期，沉积速率750m/Ma
	东海盆地 丽水凹陷	古新统	灵峰组	灵峰期沉积速率为400~500m/Ma
	渤海盆地 辽中北部凹陷	渐新统	东营组	东营期沉积速率为350~400m/Ma
	珠江口盆地 珠三坳陷	始新统	恩平组 文昌组	恩平期沉积速率为289m/Ma； 文昌期沉积速率135m/Ma
国外	北苏门答腊盆地	中新统	巴翁组	巴翁期沉积速率为305m/Ma
	马来盆地	中新统	贝科克组	贝科克期沉积速率为306m/Ma

2) 单层泥岩厚度大

相关学者对美国各大油田的7241个砂岩油藏中的泥岩厚度统计后认为，较理想的泥岩排液层厚上、下为15m，即泥岩单层厚度大于30m时，由于上覆层系沉积物堆积速率加快，造成该套泥岩排水不畅，出现不均衡压实现象。渤中凹陷东营组现今地层累计厚度可达300~1700m，将东营组再进一步细分为E_3d_1、$E_3d_2^U$、$E_3d_2^L$和E_3d_3，其中泥岩单层厚度值介于25~230m；沙河街组现今累计厚度介于80~730m，沙河街组进一步划分为E_3s_1、E_3s_2和E_2s_3，其中泥岩单层厚度值介于30~150m，多数单层泥岩厚度达到30m的最低值。据此，沉积型超压解释东营组以深出现不均衡压实是较为合理的。

3) 深层储层中见原生粒间孔

利用20余个铸体薄片鉴定分析数据，对渤中凹陷深层储层孔隙类型进行统计分析认为，渤中凹陷各次洼深层古近系储层主要为岩屑长石砂岩和长石石英质石英砂岩，石英含量较高。凹陷西南洼（图 4-3a、b）、西洼（图 4-3c、d）、主洼（图 4-3e、f）和北洼

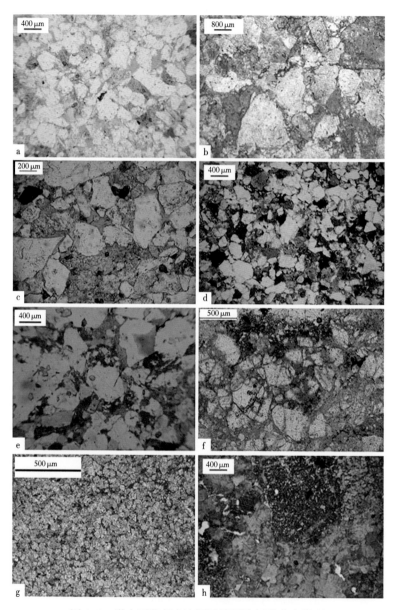

图 4-3　渤中凹陷各次洼深层储层粒间孔分布类型

a—BZ19-6-1 井，2993.0m，$E_3d_2^U$，中—细砂岩中见大量发育的剩余粒间孔；b—BZ19-6-1 井，3735.0m，E_3d_3，中—粗砂岩中见粒间孔和溶蚀颗粒孔；c—BZ19-6-4 井，3090.1m，E_3d_3，中—细砂岩中见大量发育的剩余粒间孔；d—QHD34-4-1 井，3569.1m，E_3d_3，中—细砂岩中见大量发育的剩余粒间孔；e—BZ22-1-2 井，3825.0m，E_3s_1，中—粗砂岩中见大量发育的剩余粒间孔；f—PL7-6-8d 井，3346.0m，N_1g，粗砂岩中见大量发育的溶蚀粒间孔和微裂缝孔隙；g—BZ13 井，3342.5m，奥陶系，白云质隐晶灰岩中见大量发育的溶蚀粒间孔；h—QHD34-2-1 井，3658.5m，石炭系，粗晶灰岩中见大量发育的晶间孔

（图 4-3g、h）均不同程度地显示深层储层中高渗岩层的孔隙类型以剩余粒间孔为主，占总孔隙度 80% 左右，其次为溶蚀颗粒孔，在主洼探评井中见部分微裂缝，是贡献总孔隙的重要孔隙类型（图 4-3f）。北洼中古生界深层储层中发育大量的粒间孔和晶间孔（图 4-3g、h）进一步表明渤中凹陷各次洼深层储层中发育一定规模的剩余原生粒间孔，间接证明了渤中凹陷各次洼深层高渗透率岩层中存在有沉积型超压。

通过编制渤中凹陷各次洼钻井泥岩综合压实曲线，利用等效深度法计算了泥岩流体压力。由于泥岩压实具不可逆性的特征，事实上泥岩压实求取的流体压力反映了最大埋深时期的泥岩流体压力状态。地层沉积/沉降演化史表明渤中凹陷最大埋深时期即为现今，因此，基于泥岩压实曲线求得的孔隙流体压力与实测点的剩余压力进行对比，能够有效确定出沉积型超压在深层储层中的超压贡献。

图 4-4 是渤中凹陷各次洼典型井的泥岩剩余压力剖面，各次洼泥岩压力的结构特征与高渗透率储层具有相似性。渤中凹陷西南洼（图 4-4a）、西洼（图 4-4b）和主洼（图 4-4c）大致以 3300m，层位上是以 $E_3d_2^L$ 为界限，凹陷北洼泥岩较为明显发育超压，北洼超压分界（图 4-4d）是以 2700m，层位上以 $E_3d_2^U$ 为界限，纵向上可划分出两段：浅部的正常压力段和深部异常高压段，E_3d_3 以深超压较为显著。泥岩剩余压力与相邻的高渗透率岩层值对吻合度较好，证实沉积型超压对本地区超压有着重要贡献，部分泥岩段计算的压力要略小于储层实测压力，表明渤中凹陷的压力还可能存在有生烃增压、压力传递等多种超压成因。

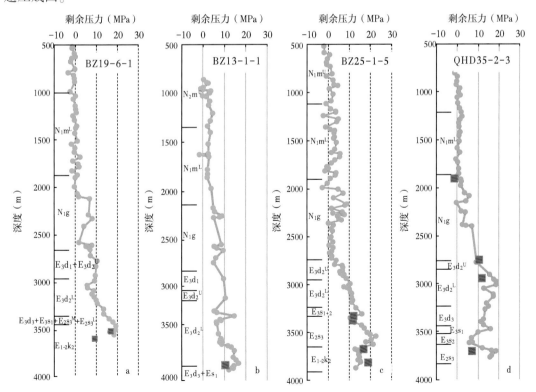

图 4-4　渤中凹陷各次洼典型井区泥岩剩余压力与深层储层实测剩余压力对比

2. 断裂传递型超压

断裂传递型超压被认为是较高剩余压力沿着断裂带传递形成的超压，是一种瞬时压力传递。具体表现为沉积盆地中不同部位的地层中存在剩余压力差时，优先沿着断裂体向剩余压力减小的方向运移，当剩余压力差异消失或介于断裂核破裂极限内，传递型超压终止（图4-5）。

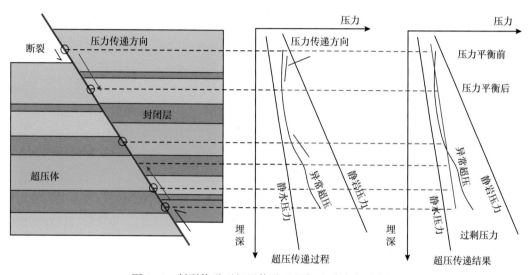

图4-5　断裂传递型超压传递过程与地质响应示意图

沉积型超压和流体膨胀产生的超压在泥岩压实曲线上综合特征较为明显（图4-6a），其出现的层位、深度和超压曲线形态均有较大差异。垂向有效应力与声波速度的交会图版是进一步判识该类型超压成因机制应用较多的图版之一。在中国的柴达木、松辽、塔里木、鄂尔多斯等盆地相继利用该图版有效判识出传递型超压。基于该类图版，国外的文莱巴拉姆盆地中陆棚三角洲砂体中超压成因为断裂传递。在定性判识的基础上，部分学者对传递型超压定量贡献进行了评价计算（图4-6c、d）。结合在不同轴向应力作用下模拟岩心样品孔隙体积和孔隙流体压力与应力的物理模拟实验结果分析得出，轴向应力与岩石孔隙体积和孔隙流体压力表现为阶段性特征，起初岩石孔隙体积随着轴向应力的增加而增大，此时岩石颗粒为主要受力体，随着轴向应力的进一步增大，孔隙流体相继承担了76%左右的轴向应力。鉴于此，本文引用计算库车坳陷深层储层中断裂传递型超压定量评价公式对渤中凹陷断裂传递型超压进行定量评价。

渤中凹陷西南洼和主洼古近系优质泥质烃源岩中剩余压力一般高于深层潜山地层，地震反演数据体显示渤中凹陷断裂发育，具备超压沿断裂垂向或侧向发生传递的地质背景。同时，现今地温梯度特征、流体包裹体均一温度差异和温度场演化模拟均表明整个渤中凹陷无明显的热异常现象，故在古近系泥岩中难以因温度升高致使地层中流体发生膨胀而引起超压的现象（范昌育等，2014）。图4-7显示渤中凹陷西南洼典型井区存在断裂传递型超压现象，实测压力点位于卸载曲线上，正常压实曲线趋势线呈现"对数"曲线特征。应用超压传递计算公式计算，BZ19-6-1井断裂传递的超压量为3.89MPa，传递对超压的贡

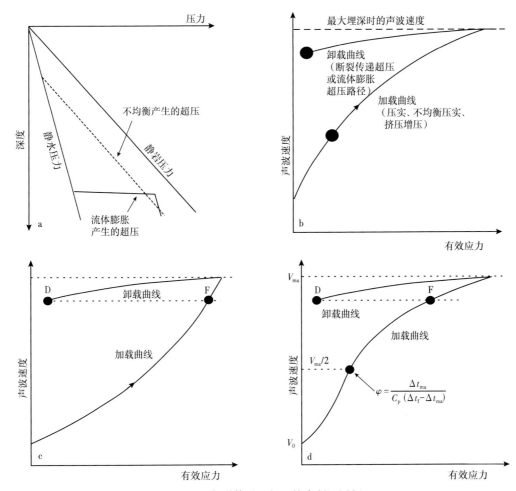

图 4-6 断裂传递型超压综合判识图版

a—不均衡压实和流体膨胀产生超压的深度关系图；b—不同超压成因机制产生的有效应力与声波速度关系示意图，
由不均衡压实产生的超压位于加载曲线上，而断裂传递超压或流体膨胀产生的超压遵循卸载曲线；c—垂向有效
应力与声波速度交汇判识断裂传递型超压图版；d—垂向有效应力与声波速度交汇判识断裂传递型超压图版

献达 8%。CFD18-2E-1 井传递计算量为 0.86MPa，贡献率为 2%。进一步反映断裂的展布
形态和时空配置关系较大影响了断裂传递超压的贡献效率。

3. 生烃增压

沉积有机质在经历一定埋深后发生热解，改变了干酪根和流体的相对体积，产生的压
力即为生烃增压。模拟计算烃源岩生烃增压的方法较多，其中 PetroMod 模型不仅考虑了生
烃增压的贡献，也考虑了沉积型超压的影响。考虑到本地区实际的超压成因机制类型，本
文选取其作为评价渤中凹陷生烃增压贡献的模型。

渤中凹陷富烃深次洼烃源岩热演化和有机质转化率显示在距今 23Ma 烃源岩热演化和
有机质转化率达到峰值。因此，本文将富烃深次洼源岩生烃增压的时间演化尺度放在距今
23Ma 后，分析烃源岩生烃增压的最大幅度及平面展布特征。模拟结果显示渤中凹陷现今

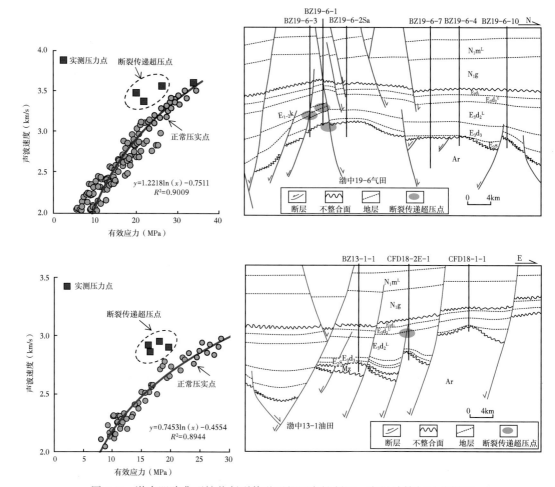

图4-7　渤中凹陷典型钻井断裂传递型超压定性判识、定量计算与过井剖面

生烃增压幅度的最大时间为距今 12Ma，生烃增压平面演化与单井生、排烃结果，烃源岩实际演化和地质背景相吻合。主力烃源岩 E_3d_3、E_3s_{1+2} 和 E_2s_3 段生烃幅度依次增强，凹陷中心生烃幅度差异明显，E_2s_3 段主洼烃源岩生烃幅度最大，生烃最高可达 33MPa，西南洼次之，生烃增压最大为 14MPa。E_3s_{1+2} 段烃源岩在 QHD35-2 井区以东生烃增压幅度最大，最大为 3.5MPa。E_3d_3 段烃源岩在主洼生烃增压最大，生烃增压最大为 14MPa。总体表现为，E_3d_3 和 E_2s_3 段这两套烃源岩在主洼具较强的生烃潜力，尤以主洼烃源岩生烃幅度达到峰值，E_3s_{1+2} 段在北洼处生烃增压较大，分布范围小特点。

二、古压力恢复及压力场特征

利用随钻测量和试油气中温压测试标定现今温压模拟结果。在流体包裹体岩相学观察的基础上，利用流体包裹体均一温度及其反映的捕获温度恢复古温度、压力，目的是对古流体压力场恢复作一约束。

1. 流体包裹体恢复古压力

1）流体包裹体岩相学特征

渤中凹陷西南部深层潜山包裹体镜下结果显示，储层内包裹体宿主矿物主要由石英和长石内裂纹及其节理缝构成。包裹体类型主要有发黄色、黄绿色、蓝色和蓝白色荧光的油包裹体，气态烃包裹体和与其伴生的盐水包裹体（图4-8），烃包裹体和伴生的盐水包裹

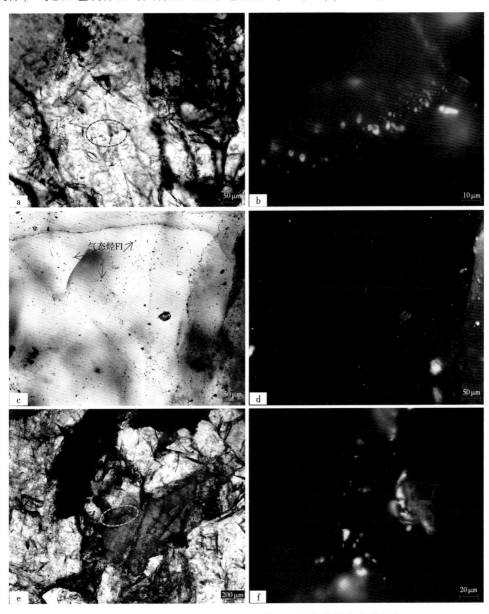

图4-8　渤中凹陷西南部深层潜山储层流体包裹体岩相学特征
a（透射光），b（荧光）：BZ19-6-7井，4578.8m，太古宇，混合花岗片麻岩；c（透射光），
d（荧光）：BZ19-6-10井，4429.8m，太古宇，砂砾岩；e（透射光），f（荧光）：
CFD18-2E-1井，3957.9m，前寒武系，含砾粗砂岩

体多数均呈串珠状发布，蓝色和蓝白色荧光油包裹体和气态烃包裹体最为发育，其个体较小，集中分布在 $3 \sim 12 \mu m$，多以长条状、椭圆状或不规则状呈现。凹陷西南洼深层储层流体包裹体均显示有极为相似的岩相学特征（图 4-9），其中各深层层段内均有不同程度的

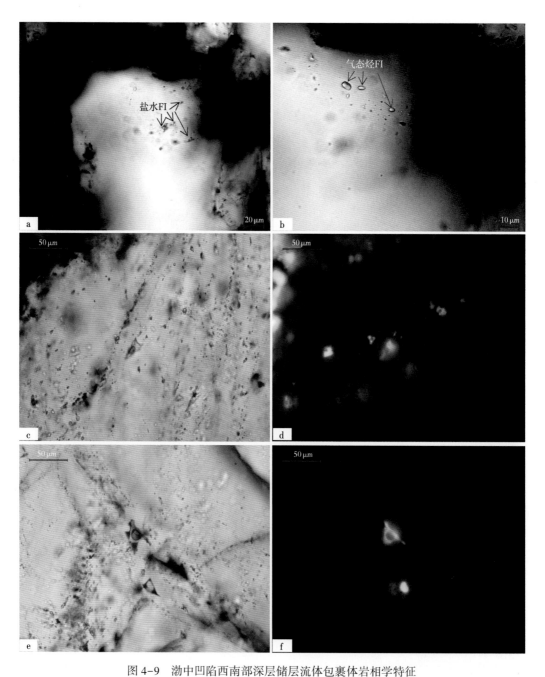

图 4-9　渤中凹陷西南部深层储层流体包裹体岩相学特征

a（透射光），b（透射光）：CFD18-1-1 井，3209.7m，$E_3d_2^L$，含砾砂岩；c（透射光），d（荧光）：
BZ19-6-1 井，3585.0m，$E_2s_3^L$，细砂岩；e（透射光），f（荧光）：BZ19-6-1 井，3735.0m，$E_{1-2}k_2$，砂砾岩

气态烃包裹体的发育。发不同荧光颜色的油包裹体分布在石英颗粒微裂纹和穿石英颗粒上，主要以发蓝白色和黄绿色荧光的油包裹体和与其伴生的盐水包裹体为主，包裹体个体大小介于 4~13μm，多呈椭圆状和长条状。岩相学特征对比结果显示两者有极好的继承性，同时均一温度特征表明温度分布区间和展布特征也具有较好的相似性。综合认为可以利用古近系深层储层内流体包裹体特征来综合反映渤中凹陷深层古温度、压力和运聚成藏信息。

2）古温度恢复

流体包裹体的捕获温度是指在宿主矿物成岩成矿时的温度、压力条件下捕获形成的温度，因此需对流体包裹体均一温度校准后方能求取其捕获温度（表 4-2）。

表 4-2　渤中凹陷深层储层部分流体包裹体恢复古温度数据

井名	现今埋深（m）	层位	均一温度（℃）	盐度（%）	捕获温度（℃）
BZ19-6-2	3878	Ar	139.7	20.82	160.0
BZ19-6-3	4055	Ar	183.0	17.92	218.0
CFD18-2-1	2728	$E_3d_2^L$	133.1	12.42	156.6
CFD18-2-1	2738	Pt/Ar	159.0	9.85	187.0
CFD18-2-1	2738	Ar	158.5	13.40	187.5
CFD18-1-1	3958	Pre-∈	147.8	8.66	173.0
CFD18-1-1	3953	Ar	143.4	17.88	166.8
BZ13-1-1	4001	Ar	140.9	12.99	165.4
BZ25-1-5	3201	Ar	181.1	7.86	214.1
BZ21-2-1	4362	O	123.0	6.17	144.0
BZ26-2-1	3664	E_2s_3	122.9	8.30	144.0

3）古压力恢复

通过 PVT 实验数据，利用 PVTsim 软件计算出烃类相包络线。基于对裂缝中石英胶颗粒微裂纹的流体包裹体观察、测温，将获得的烃类包裹体和与其伴生的盐水包裹体均一温度输入至 FLINCOR 程序中，获得烃包裹体和盐水包裹体等容线斜率。综合恢复出各时期流体包裹体的捕获压力（表 4-3）。

表 4-3　渤中凹陷深层储层部分流体包裹体恢复古压力数据

井名	层位	烃类包裹体均一温度（℃）	盐水包裹体均一温度（℃）	烃类包裹体荧光颜色	孔隙流体压力（MPa）	剩余压力（MPa）	形成时间（Ma）
BZ19-6-7	Ar	130.5	150~160	蓝白色+气态烃	60~64	13~17	5.3~0
BZ19-6-2	Ar	143	150~160	蓝白色+气态烃	52~60	13~21	5.3~0
CFD6-1-1D	$E_3d_2^L$	85~95	105~115	黄色	34~38	0.1~4.1	9.5~6
CFD6-1-1D	$E_3d_2^L$	110~120	130~140	蓝白色	34~40	1~7	1.5~0
QHD36-3-3	$E_3d_2^L$	90~95	115~125	黄色	34~41	2.4~9.4	2.5~0.5

2. 盆地模拟参数准备与选取

1）压实系数的确定

由砂、泥岩各自的密度—孔隙度转换关系求出了全区 18 口井的孔隙度—深度关系曲线（图4-10），并以此为依据分析了渤中凹陷的压实特征。压实研究表明，欠压实现象一般开始出现在馆陶组中部，由此向上各地层处于正常压实带中，在 $Ln\phi$-Z（深度）图上表现为直线关系，经过回归计算可得出各井的砂、泥岩压实系数 c 值。

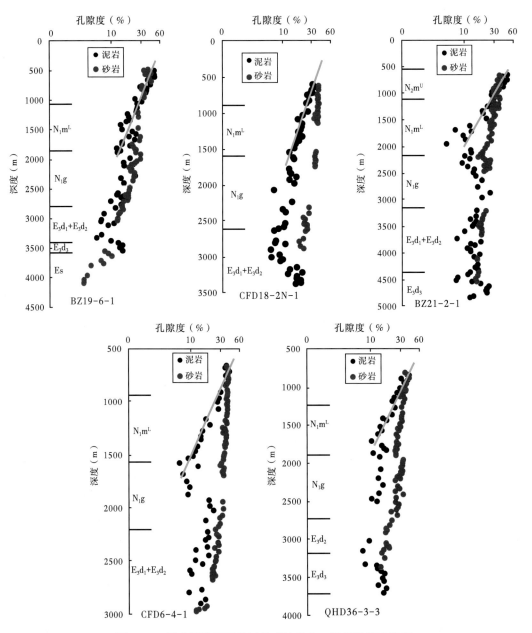

图 4-10　渤中凹陷不同井区典型钻井砂、泥岩计算孔隙度

由于实际地层很少由纯的砂岩或泥岩组成，而大部分是由不同比例的砂、泥组成的碎屑岩系，为了较为准确地反映不同岩性地层的压实特征，以沉积相发育背景特征中的砂、泥岩含量为标准，按组合中岩性比例决定其对整个岩性段压实速率贡献大小的原则，求得每一种岩性组合层段的综合压实系数。

2）砂、泥岩原始孔隙度的选取

根据 Beard 和 Weyl（1973）提出的等大球体颗粒原始孔隙度计算公式：$\phi_o = 20.91 + 22.9/S$（S 为分选系数）来计算各层位砂岩原始孔隙度值。基于铸体薄片分析结果，在不同倍数显微镜下对砂岩粒度进行分析，计算出各层段的分选系数（表4-4）。公式计算出渤中凹陷各主要砂岩原始孔隙度值介于35%~42%，其值差异较小，为计算方便，取原始孔隙度均值40%作为渤中凹陷砂岩原始孔隙度值。

表4-4　渤中凹陷各储集砂体分选系数与原始孔隙度统计

序号	层位	分选系数范围（均值）	样品数（个）	ϕ_o（%）
1	N_1g	0.881~3.272（2.077）	2	46.9~37.9（40.4）
2	E_3d_2	0.549~6.807（2.378）	26	62.6~24.3（37.0）
3	E_3d_3	0.918~2.970（1.950）	4	45.8~28.6（35.4）
4	E_3s_{1+2}	0.533~6.131（2.021）	13	63.8~24.6（40.8）
5	E_2s_3	0.743~2.191（1.248）	11	51.7~31.4（41.6）

利用渤中凹陷不同井区典型钻井砂、泥岩计算的孔隙度—深度关系曲线反推至地表，近似得出砂岩原始孔隙度为40%，泥岩原始孔隙度为60%。

3）原油地下密度

原油地下密度是油势计算中的一个重要参数，其值随温度和压力变化。依据在中海油（天津）渤海石油研究院收集到的42个原油地下密度数据，选取32个数据对原油密度在地下随温度压力变化进行线性回归，表示为：

$$\rho_o = -0.00257p - 0.00236T + 1.043121 \qquad r^2 = 0.897 \qquad (4-1)$$

式中　ρ_o——原油地下密度，g/cm^3；

p——地层孔隙流体压力，MPa；

T——地层温度，℃。

利用剩余的10个数据点对回归公式进行合理性检验。统计得出计算值与实测值相对误差80%数据点在5%以内（表4-5），该公式针对易挥发性原油密度计算相对误差控制在10%，总体上，渤中凹陷原油密度变化可以此公式表达。

表4-5　渤中凹陷深层原油 PVT 物性与原油密度计算比较及相对误差分析

井名	深度（km）	层位	压力（MPa）	温度（℃）	地层油密度（g/cm^3）	计算原油密度（g/cm^3）	相对误差（%）
CFD6-1-1D	1.15	N_2m^U	10.60	46.3	0.9274	0.9066	2.24
CFD18-1N-1	3.12	Mz	29.37	134.8	0.6316	0.6495	2.84

续表

井名	深度 （km）	层位	压力 （MPa）	温度 （℃）	地层油密度 （g/cm³）	计算原油密度 （g/cm³）	相对误差 （%）
BZ28-1-2	1.27	N_1m^L	11.97	66.5	0.8351	0.8554	2.43
BZ1-1-2	2.60	$E_3d_2^U$	26.29	79.3	0.7892	0.7884	0.10
CFD6-4-3	3.28	E_3d_3	31.01	116.9	0.671	0.6875	2.47
QHD35-2-3	3.35	E_3d_3	37.12	137.0	0.4709	0.5244	11.36
QHD34-2-1	3.32	Mz	33.85	114.2	0.6658	0.6866	3.13
CFD12-6-1	3.12	Mz	29.37	134.8	0.6316	0.6495	2.84
BZ23-3-1	3.05	Pz	26.10	131.7	0.6755	0.6652	1.52
CFD18-2-1	4.54	Ar	47.23	168.3	0.4769	0.5246	9.99

4）其他参数选取

沉积水界面温度（SWIT）利用 PetroMod 软件中自带的算法，仅需输入渤中凹陷纬度即可。

3. 模拟结果有效性验证

应用单井数值模拟结果与现今实测数据进行耦合对比，用于数值模拟结果的有效性验证。图 4-11 和 5-12 分别显示了渤中凹陷部分井孔隙度和压力的数值模拟结果与相应实测

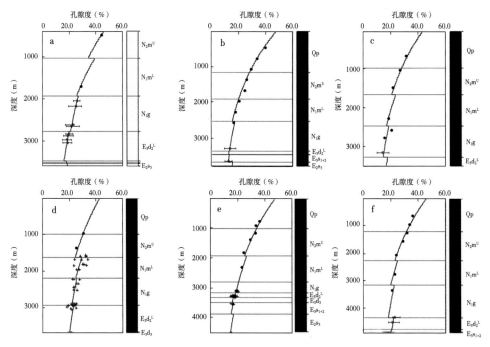

图 4-11　渤中凹陷孔隙度数值模拟与实测孔隙度耦合对比（部分示意）

a—BZ19-6-1 井；b—BZ25-1-5 井；c—BZ13-1-1 井；d—CFD18-1N-1 井；e—QHD35-2-3 井；

f—BZ22-1-2 井（圆点为计算孔隙度，十字和长线为实测孔隙度）

结果耦合，证实了模拟结果可信度较高。由于渤中凹陷西南洼深层天然气储层类型为裂缝型和孔—缝型储层，在对深层潜山储层孔隙度模拟时注意了裂缝对储层物性和压力的影响，利用实测含裂缝样品的物性分析与其所在深度进行了进一步标定，并将修正值应用于渤中凹陷所有深层裂缝型储层中。

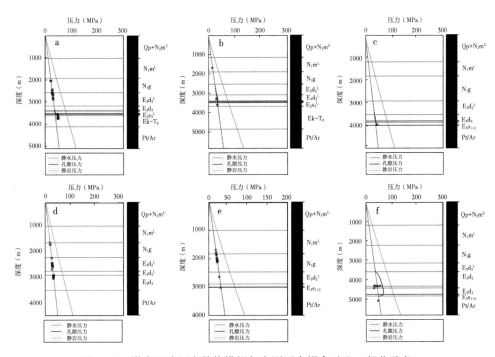

图 4-12　渤中凹陷压力数值模拟与实测压力耦合对比（部分示意）

a—BZ19-6-1 井；b—BZ19-6-8 井；c—BZ19-6-6 井；d—BZ13-1-1 井；e—CFD18-1N-1 井；f—BZ22-1-2 井

三、应力场研究

构造应力场包括古构造应力场与现今构造应力场，其中古构造应力场的时期需结合构造演化史以及其与裂缝的相关关系进行确定。研究区经历了多期构造演化，主要为印支期近北东向挤压、燕山期左行走滑、古近纪近南北向伸展以及新近系右旋走滑等。渤中 19-6 构造脊近北东向展布，印支期北东向挤压、燕山期左旋走滑以及古近系南北向拉张形成的近 NW 向逆冲断裂、NNE 向走滑断裂以及 NEE 向拉张型断层控制了研究区宏观的构造格局，在东三段沉积末期（$T_3 m$ 层），控制古近系沙河街组沉积的南掉拉张型断层多数停止活动，渐新世至新近纪主要形成一组北掉的浅层断裂系统，该期之后构造活动变形主要集中于浅层，对潜山影响较小，故印支期—古近纪是渤中 19-6 构造的裂缝主要发育时期。

1. 构造缝基本特征

对构造裂缝基本特征的描述是后续构造裂缝定量预测的基础。通过对研究区取心、成像测井资料的裂缝统计，明确了渤中 19-6 构造区裂缝基本特征。研究区发育三组优势方向的裂缝，岩心上不同组次裂缝相互切割。第一组裂缝多被铁质充填；第二组裂缝被绿泥石充填；第三组裂缝现今以开启为主。岩心上第三组缝以及第二组缝对第一组缝切割现象明显（图4-13a）。成像测井统计结果表明，研究区亦发育三组裂缝，分别为近NE向、EW（NEE）向以及近NWW向，但不同井区裂缝优势走向具有差异性，其中1井区裂缝走向比较杂乱，但整体表现为近EW向优势（图4-13d），2井区具有明显的NE向优势（图4-13e），而3井区则以NWW向优势为主，同时近EW向裂缝亦发育（图4-13f）。

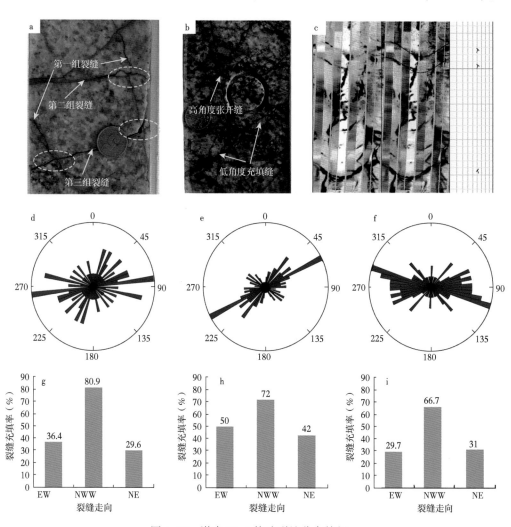

图4-13　渤中19-6构造裂缝分布特征

基于成像测井图案，统计了不同走向裂缝的充填特征，NE向与EW向裂缝充填程度相当，在30%~50%之间，而NWW向裂缝充填程度较高，基本为70%~80%，表明研究区主要的有效裂缝为近NE向与EW向裂缝（图4-13g、h、i）。裂缝走向与倾角统计结果表明，NE向与EW向裂缝以高角度为主，倾角约为70°；而NWW向裂缝倾角较小，多小于45°，岩心上高角度缝现今多为有效缝，而低角度缝多发生了不同程度的充填（图4-13b），表明NWW向裂缝有效程度较差。同时，成像测井响应也证实，在相同深度段内，NWW向裂缝的充填程度要远高于NE向裂缝（图4-13c）。

2. 应力场模拟及裂缝平面预测

1）地质模型

古构造应力场的数值模应进行古构造恢复，以对应时期的古构造为基础开展地质建模，但如若古构造恢复不准，则会使得数值模拟结果偏差更大。构造演化分析表明，潜山在沙河街组沉积末期发生了一期构造反转，故本次建模以古构造恢复后的构造图为基础。在建模过程中，主要采用三角网格进行。

2）岩石力学参数

岩石力学参数赋值是有限元模拟的重要环节，其准确程度对模拟结果的精度具有重要的影响。尽管地层中岩石类型具有差异，但以斜长片麻岩为主，依据渤海海域变质岩岩石力学实验数据，确定了本次构造应力场模拟的岩石力学参数（表4-6）。

表4-6 渤海海域变质岩岩石力学参数

井名	深度 （m）	密度 （g/cm³）	弹性模量 （GPa）	泊松比	岩性
JZ20-2-4	2958.03	2.67	30.2568	0.227	混合片麻岩
JZ20-2-4	2669.19~2670.19	2.69	35.9436	0.202	混合片麻岩
JZ25-1S-5	1806.76~1807.43	2.60	22.7319	0.269	混合片麻岩
CFD18-2E-1	4001.00~4001.20	2.62	29.4676	0.251	混合片麻岩
BZ27-4-2	3695.15~3695.35	2.59	32.2891	0.275	浅粒质混合岩

本次地层弹性模量取值为30GPa，泊松比为0.25，密度为2.65g/cm³。常规断层与走滑断层的弹性模量赋予地层的1/2，泊松比赋予地层的1/3，密度与地层相当。将岩石力学参数赋予对应的地质模型中，并采用Soild45线弹性八节点单元进行网格划分，最终形成力学模型，模型中共划分出5986个节点，22235个单元。

3）边界条件

尽管研究区经历了北东向挤压，NNE向走滑以及近NNW向拉张多期构造运动，但三期主要的构造运动均可统一于近NE向的挤压应力场下形成，故本次模拟对模型施加一近NE—SW向的挤压应力等效代表三期主要的构造运动，同时在垂向上考虑重力作用。

4）数值模拟结果与裂缝预测

在精细建模以及岩石力学参数、边界条件设定的基础上，对等效古应力场进行了模拟。古构造应力场模拟结果表明，构造应力场的分布受构造形态以及断裂体系的发育控制作用明显。

古应力值受古地貌形态控制作用明显，古地貌高部位多为应力集中区，印支期—古近纪，渤中19-6构造整体具有北高南低的特征，尤其是BZ19-6-4井区为古地貌最高部位，模拟结果表明，尽管该区无大型断裂分布，但其为古背斜轴部，具有较强的应力背景。

应力值的分布同时受断裂体系的控制。不同类型的断裂对应力的控制具有差异性，走滑断层叠合区为应力的集中区（如BZ19-6-2井区），而单一走滑区附近应力值较低。对于张性断裂而言，张性断裂控制的断鼻型圈闭较断块型圈闭应力更为集中，同时两组断裂的交会处，古应力往往表现为正异常。

已钻井分析表明，裂缝的发育程度与古应力值具有极好的相关关系，随着古应力值的增加，裂缝发育厚度具有明显增加的趋势。即通过对古应力场的模拟寻找应力集中区是开展裂缝预测的有效手段。大型断裂带附近与古构造高部位是裂缝的优势发育区。

四、流体势场与流线

1. 垂向上流体动力场演化

凹—隆间垂向上的剩余流体压力演化是流体动力场演化和判识油气优势运聚的核心。过渤中凹陷西南洼—南洼—主洼的剩余压力演化剖面显示，不同时期的主洼和南洼剩余压力较西南洼高。其中主洼最深处典型剩余压力从距今 9.5Ma、5.3Ma 至 0Ma（现今）依次变化为 38.3MPa、45.5MPa 和 57.0MPa；南洼剩余压力从距今 9.5Ma 至 0Ma（现今）依次变化为 18.9MPa、23.4MPa 和 32.7MPa；西南洼剩余压力从距今 9.5Ma 至 0Ma（现今）依次变化为 16.1MPa、19.7MPa 和 31.1MPa。这进一步印证，渤中凹陷各深次洼中沙河街组和东营组因欠压实与生烃增压共同导致现今剩余压力达到峰值。各个时期剩余压力整体特征显示，富烃深次洼主洼剩余压力最高，南洼次之，西南洼最弱，剩余压力由富烃深次洼高值区向低凸起带呈逐渐下降的趋势。

2. 平面上流体动力场演化

油势特征能够较好地展示出地下原油在流体动力驱动下的流动和汇聚状态，其表达式可简单写成：

$$\Phi_o = gz + \frac{p}{\rho_o} \tag{4-2}$$

式中，Φ_o 为单位质量的油势；g 为重力加速度；z 为计算点相对海平面的高程；p 为孔隙流体压力；ρ_o 为原油地下密度。

该公式较好地表达出原油运聚时所受浮力影响，且考虑了古高差对油气运聚的制约，即可通过单位距离的油势梯度反映原油运移优势指向。鉴于渤中凹陷深层天然气主要为原油伴生气，尽管在理论上揭示有晚期较高成熟天然气的幕式充注，目前勘探揭示出的天然气类型仍以原油伴生气为主。因此，接下来本文重点针对原油进行较为深入研究，以期揭示深层油气运聚成藏机制。

通过上述公式计算出渤中凹陷深层现今油势。渤中凹陷 BZ19-6 井区及其以北和 BZ21/22 井区东营组和沙河街组油势梯度均较小，其值普遍小于 50m/km；富烃深次洼主洼油势梯度最大，普遍为 140~190m/km；富烃深次洼南洼和西南洼油势梯度相当，且沙河街组油势梯度要比东营组油势梯度大近 100m/km。其中，油势梯度在 BZ19-6 井区 E_3d_2 段相对最小，其余层段油势梯度变化趋势相当，沙河街组 BZ19-6-4 井区油势梯度相对较大。

渤中凹陷深层现今油势梯度达到最大，该时期原油充注活动也最为活跃。由于渤中凹陷主体为坳陷型沉积背景，以沉积型垂向压实产生超压为主，凹陷周缘低凸起带的埋深有所差异，沉积型产生超压增幅也各不相同。通常表现有在凹陷中心处由于沉积速率大，产生的流体增压多，在不同演化时期内，同一层位由于沉积速率和地形起伏的变化也会造成油势的改变。

第二节 输导体系

一、输导体系宏观展布

1. 断裂

1）中生代构造演化与断裂体系发育

构造的形成和演化具有一定时限，即褶皱和断裂体系发育不仅具有地区性，而且具有时代性。因此，可以通过对区域褶皱和断裂活动期次、方式和强度的分析来划分构造运动的期次，并结合二维构造的恢复来探讨各期构造运动的运动学和动力学特征。

渤中凹陷西南部所处的华北克拉通位于古亚洲洋、特提斯洋和太平洋构造体系域交汇位置，自元古宙末期以来，经历了不同期次、不同方向、不同性质的构造运动叠加演化过程。整体而言，中生代以前的构造运动以垂直升降为主，构造相对简单，断裂欠发育。进入中生代构造演化阶段以来，该区水平方向构造作用日趋活跃，形成多个"挤压—拉张—挤压"构造旋回，并伴随多期幕式走滑剪切，导致不同期次、不同性质、不同走向的断裂体系在时空上叠加，最终形成纵横交错网格状复杂断裂系统。鉴于此，对构造活动期次进行了划分，明确该区潜山内幕主要经历了印支期、燕山早期、燕山中期、喜马拉雅期四期构造运动，首次识别了渤海海域燕山早期构造运动形迹，厘清了各关键构造期断裂形成机制和分布特征。

（1）印支运动与断裂体系发育。

晚—中三叠世，由于扬子板块与华北板块由点到线式的接触碰撞，华北克拉通内部广泛发育逆冲断裂及相关褶皱等挤压构造样式。在 SN 向强挤压应力场下，渤海海域西南部发育 NWW 至近 EW 向展布的宽缓褶皱以及成排分布的大型逆冲断层，如沙南断层、埕北断层、海一断层等。这些断层规模较大，走向延伸长度超过 40 km，断面倾角较大且呈铲状，上陡下缓，平面上呈现成排分布的特征（图 4-14a），推测这些断层为大型逆掩断层的冲起前缘，在地壳深部存在统一的低角度逆冲推覆面。此期构造运动造成三叠系缺失，并导致古生界局部剥蚀。特别是在冲起构造的前缘，古生界剥蚀强烈，可见明显的削截角度不整合界面。在后期伸展背景下，这些逆冲断裂普遍发生反转正断，形成古生界向着靠近断层的一侧逐渐减薄或缺失的薄底或秃底构造现象。

（2）燕山运动 I 幕与断裂发育特征。

早—中侏罗世，受伊佐奈崎板块西向俯冲影响，华北板块由特提斯洋构造体系域转入滨太平洋构造体系域，渤海海域西南部发生第二次大规模挤压构造作用。与印支期近 EW 构造体系不同，燕山早期主要表现为 NW—SE 向缩短构造，广泛发育北东向逆冲断裂和褶皱（图 4-14b）。从变形方式来看，印支期以基底卷入的冲起构造和宽缓褶皱为主，而燕山早期则发育多种不同的挤压构造样式。其中，西侧歧南断阶带主要发育小型盖层滑脱的薄皮逆冲构造，形成逆冲三角构造和双重构造等构造样式。沙垒田凸起、沙南凹陷、埕北

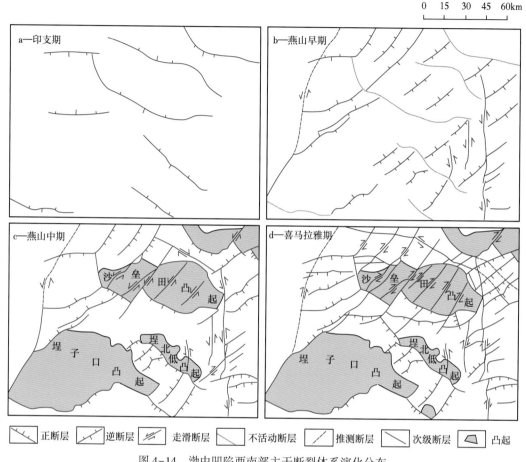

0 15 30 45 60km

图 4-14　渤中凹陷西南部主干断裂体系演化分布

低凸起和埕北凹陷等中部地区则发育与印支期相似的成排分布的基底卷入高角度逆冲断层。在该区东侧，则发育规模宏大的左行平移逆断层——郯庐西支走滑断裂。郯庐西支走滑断裂燕山早期剧烈的左行走滑逆冲导致渤中19-6潜山构造带大幅隆升并遭受强烈的风化剥蚀，形成凹陷区近南北向的古老太古宇变质岩低潜山构造。此外，有学者通过对大别造山带东缘韧性剪切带野外露头和热年代学的研究也确证郯庐断裂南段早侏罗世存在左行逆平移活动。

（3）燕山运动Ⅱ幕与断裂发育特征。

晚侏罗—早白垩世，伊佐奈崎板块向欧亚板块俯冲汇聚的角度及速率发生急剧变化，以更快的速度向N及NNW向运动，引发地幔底辟上涌，造成华北克拉通的破坏——岩石圈显著减薄，发生强烈的火山喷发和陆内裂解。南北向水平引张作用之下，先存印支期及燕山早期逆冲断裂作为地壳中的薄弱带易于应力集中而发生伸展反转，成为控制该时期盆地结构和沉积充填的边界断层，如沙南、埕北、海一、海四、羊二庄等断层均具有明显的"早逆晚正"的反转特征。同时，在陡坡带发育一系列与主干伸展断裂走向一致的次级伴生断层，形成"Y"形组合样式。在缓坡带则发育同向阶梯状断层。另外，板块间斜向汇聚作用还形成 NE—SW 向左行剪切应力场，导致该区发育一组 NNE 至近 SN 向左行正平移断层（图 4-14c），如沙东断层、郯庐西支走滑断裂等，并控制局部洼陷发育和上侏罗—下白垩统沉积展布。

（4）喜马拉雅运动与断裂发育特征。

新生代以来，受太平洋板块低角度高速斜向俯冲作用和印度板块向北汇聚碰撞的远程响应影响，渤海海域西南部处于 SN 向引张和 NE 向右行剪切双重应力场中，发育伸展和走滑两套断裂系统。一方面，在近南北向拉张作用之下，先存的 NWW 和 NE 向断裂发生伸展活化，同时还形成沙中断裂等一系列东西向新生断层，发育由板式主干伸展断裂以及浅层伴生断裂组合成的似花状构造样式。另一方面，在右旋剪切应力场下，形成 NW 和 NE 向共轭走滑断裂体系（图 4-14d）。

2）潜山差异形成演化机制

前已述及，渤海海域西南部中生代经历了多个"挤压—拉张—挤压"构造旋回，多期构造活动不仅控制着网格状复杂断裂系统的形成，同时导致了众多不同类型潜山构造发育。整体而言，该区潜山经历了四个演化阶段：第一阶段为古生代物质基础形成阶段，属于沉积建造期，构造运动以整体垂直隆升为主，构造欠发育；第二阶段为印支期至燕山早期持续挤压隆升与潜山构造雏形阶段；第三阶段为燕山中期块断隆升及潜山初始格局形成阶段；第四阶段为新生代以来改造与快速埋藏阶段，包括古近纪伸展改造和新近纪热沉降埋藏（图 4-15）。但是，由于各个构造时期，特别是在印支期和燕山早期两大关键构造期，构造变形方式与强度的差异，导致该区潜山构造特征呈现出显著的东西分带的特征。根据潜山构造和残留内幕结构特征差异，具体可划分为西侧残留逆冲型潜山带，中部反转翘倾型潜山带和东侧复杂走滑断块型潜山带。

西侧残留逆冲型潜山带以歧南潜山为代表，印支期挤压强度较弱，以轻微的挠曲构造变形为主；燕山早期是该类潜山构造形成的关键构造期，在持续、多幕挤压作用之下，发育低角度薄皮逆冲构造，潜山构造初始形成；燕山中期拉张背景下，先存逆冲断裂发生伸展反转，早期潜山发生断块差异隆升，构造幅度和规模随之扩大；燕山晚期该区挤压反转强度较弱，对潜山改造较小；喜马拉雅期，潜山被进一步拉伸改造并快速埋藏（图 4-15）。

中部反转翘倾型潜山带主要包括埕北低凸起、沙中构造带和沙垒田凸起等潜山构造。此类潜山的形成与残留逆冲型潜山有所不同，其主要是受 NWW 或近 EW 向印支期挤压逆冲和燕山中期伸展反转断层的控制，燕山早期构造变形微弱，对潜山构造发育演化影响较小（图 4-15）。

东侧渤中 19-6 复杂走滑断块型潜山构造带成因最为复杂，印支期、燕山期、喜马拉雅期等各期构造运动均对潜山构造的形成具有较强的塑造作用，其中尤以燕山早期左行走滑逆冲作用控制作用最为显著。印支期，SN 向挤压作用导致该区背冲构造样式及相关褶皱的发育，潜山构造开始形成；燕山早期，受 NW—SE 向挤压作用，发育近 SN 向左行走滑逆冲的郯庐西支走滑断裂，形成受其控制的强制褶皱带，强烈隆升剥蚀；燕山中期在郯庐西支走滑断裂走滑拉张作用下渤中 19-6 潜山构造带发生差异隆升，并进一步剥蚀夷平，形成平缓的潜山台地；燕山晚期（晚白垩世）受 SN 向弱挤压作用，持续抬升剥蚀并形成宽缓的背斜形态，高点位于潜山构造北部。喜马拉雅早期，在幕式压扭作用下，南部发生

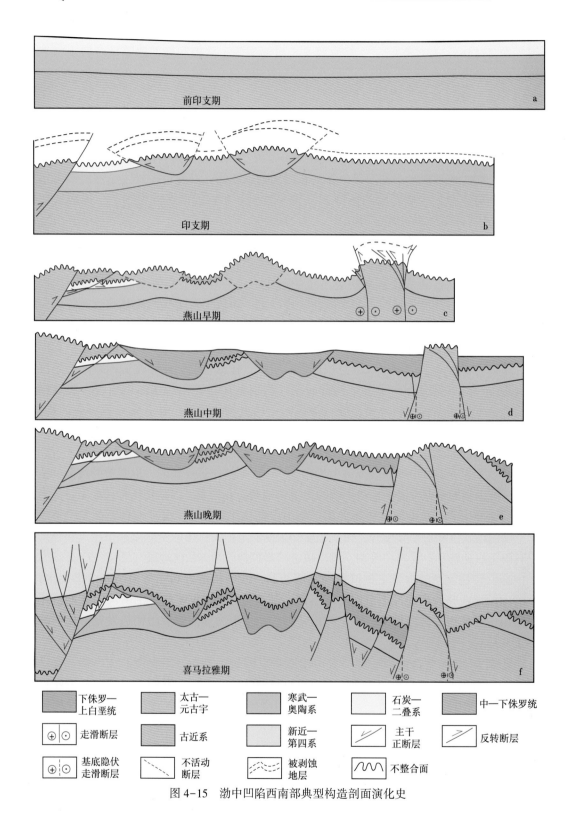

图 4-15　渤中凹陷西南部典型构造剖面演化史

反转隆升，潜山形态基本定型（图 4-15）。

裂变径迹分析方法是利用矿物裂变径迹对温度的敏感性来判断地层的相对隆升和沉降，进而判断地质体所经历的构造活动。对郯庐断裂带附近凸起区和斜坡带的 12 口钻井进行取样，包括 10 个岩心样品和两个岩屑样品，取样地层除 PL9-1-2 井为中生界花岗岩外，其余地层均为东营组和沙河街组的砂岩。

模拟结果显示一部分样品测试结果不理想，分析原因为：（1）有些样品年代较新，径迹较少；（2）有些样品的径迹年龄小于地层沉积年龄，表明样品曾达到部分退火带温度，乃至进入过完全退火带，径迹年龄代表了地层冷却年龄或不同程度退火形成的径迹年龄组成的混合年龄；（3）还有些样品的径迹年龄大于地层沉积年龄，表明样品未曾完全退火，径迹年龄代表了蚀源区源岩年龄与部分退火年龄的组合。除去以上不理想样品外，其余样品的热史恢复具有统一的规律性，揭示紧邻郯庐断裂带的凸起区和斜坡带经历了三个主要隆升降温时期，分别为距今 54Ma、距今 27—23Ma 和距今 5.3Ma，反映了三个主要走滑运动时期。

2. 不整合

不整合面不同的构造样式，对油气运移产生的结果不同，依据不整合面上下地层在地震反射上的差异性，对前古近系—古近系不整合宏观结构进行识别并总结其分布规律。

1）不整合的宏观构造样式与分布规律

（1）不整合的宏观构造样式。

不整合的划分有多种方法，本次研究结合不整合的构造和沉积成因、不整合面上下地层的发育部位和其在地震反射上的差异性，将渤中地区不整合的宏观构造样式划分为褶皱不整合、平行不整合、断层—褶皱不整合、削截—超覆不整合、断层—超覆不整合和多期削截不整合六种类型（杨德彬，2011）。以上六种不整合中，多期削截不整合、褶皱不整合和断层—褶皱不整合主要为构造成因，断层—超覆不整合和削截—超覆不整合是构造和沉积共同作用的结果，而平行不整合主要为沉积成因。

（2）不整合的宏观构造样式平面展布规律。

通过前古近系—古近系不整合面宏观类型展布可以发现，不整合面在宏观上的展布呈现出明显的规律性，从凸起至洼陷一般呈现出由多期削截不整合经超覆—断层不整合，过渡为削截—超覆不整合，至洼陷处为平行不整合，通常以断层或斜坡作为不同不整合类型的边界；至中央突起经缓坡带发育削截—超覆不整合转为断层—褶皱不整合；突起紧邻中央凹陷，出现削截—超覆不整合过渡到平行不整合，至低凸起处，再转为多期削截不整合。可以发现，平行不整合常发育在凹陷或洼陷底部，洼陷过渡到突起、低凸起或凸起的斜坡带上，常发育削截—超覆不整合，多期削截不整合常位于低凸起或凸起顶部，以断层与超覆—断层不整合为界。不整合的宏观构造样式取决于古地貌的相对高低，地势越高的地方，顶部具有明显的削截特征，相对地势较低的地方，上覆地层直接超覆或披覆于下伏地层之上；斜坡地带在削截的基础上进行超覆，陡坡带常以断层作为超覆边界。

2）不整合的纵向结构特征

不整合纵向上是一个三维地质体，发育有不整合之上的岩石、风化黏土层和半风化岩石（吴孔友等，2002），且纵向结构上每层有不同的特征和岩性组合。通过综合录井、完井和测井资料研究发现，渤中地区发育两种主要类型的不整合，不整合在纵向上发育两层或三层结构：一种为纵向上具有风化黏土层，包含完整的不整合面之上岩石、风化黏土岩和半风化岩石；另一种发育不整合面之上岩石和半风化岩石，不具有风化黏土层。

（1）不整合之上的岩石。

指紧邻不整合面，并位于其上的岩石，通过研究区录井、完井报告和测井资料显示，渤中地区不整合面之上岩层岩性主要为底砾岩、砂岩、泥岩和碳酸盐岩。

（2）风化黏土层。

位于风化壳顶部不整合面之下由风化剥蚀、化学风化和生物风化的作用下形成的细粒层状残积物是风化黏土层。不同岩性存在风化差异，形成的风化黏土层略有不同，碳酸盐岩顶面风化常形成铝土岩，砂岩则顶面风化后形成黏土层，研究区钻井揭示的风化黏土层厚度常为1~8m左右，不具备输导油气的能力，发育较厚的风化黏土岩，可以充当盖层，具备阻挡油气的能力，测井曲线上常呈现中—高伽马、伽马值较正常泥岩段值低，自然电位基值等特征。

（3）半风化岩石。

位于风化黏土层之下或不整合面之下，是风化作用的产物，由于构造运动和风化淋滤作用，半风化岩石长时间暴露于地表，常具有非常发育的孔隙、溶洞和裂缝中的一种或多种。渤中地区不整合面之下岩性有变质岩、火山岩、碳酸盐岩和碎屑岩，发育半风化岩石，变质岩、火山岩和碳酸盐岩在测井上电阻率曲线在界面处常表现出突然增大的趋势，碎屑岩曲线特征与常规碎屑岩类似。

3）不整合面上下地层与岩性配置

在多数沉积盆地中，不整合面上下地层常发育单套或两套的地层、岩性组合模式，由于受构造运动、沉积作用、风化剥蚀作用等多种因素的控制和影响，渤中凹陷前古近系顶部不整合面地层呈现出多套地层组合模式，不整合面之下发育了太古宇、古生界、中生界等多套地层，接触关系复杂；不整合之上发育有孔店组、沙河街组和东营组的多套地层。因此，地层分布规律的研究，对于不整合输导体的展布和岩性配置尤为重要。基于地震和测井资料对渤中地区不整合面上下地层和岩性展布特征进行分析。

（1）不整合面上下地层展布特征。

①不整合面之上地层展布特征。

渤中地区不整合面之上地层为古近系地层，在凹陷底部以及部分构造顶部分布有孔店组—沙四段（图4-16），其是渤中凹陷裂陷Ⅰ幕形成的产物，发育局部湖盆，形成孔店组—沙四段。古近系地层以沙三段分布最为广泛，其主要分布在凹陷和近凹陷边缘斜坡处，沙三段分布广泛的原因，是因受裂陷Ⅱ幕的影响，形成区域性湖盆，断层活动幅度大，基底快速下沉，在凹陷深处至凸起边缘斜坡处，沉积了沙三段。随着水进的发育，沙一段+沙二段主要分布在凸起与凹陷处的斜坡地带，靠近凸起和构造带；东三段由于湖盆的扩大，凸起边缘被东三段覆盖，突起顶部接受沉积；东二下亚段主要分布在各个凸起顶部，由于沉积的填平补齐作用，各个凸起及低凸起逐渐被湖盆淹没，在凸起顶端形成了东二下亚段与前古近系接触并沉积，近残余部分高点沉积东二上亚段+东一段，至此，渤中地区完成了对前古近系的覆盖。

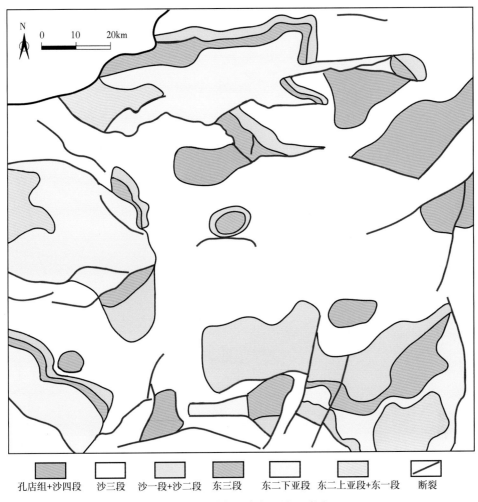

图例：

孔店组+沙四段	沙三段	沙一段+沙二段	东三段	东二下亚段	东二上亚段+东一段	断裂

图 4-16　渤中凹陷中生界地质图

通过不整合面上的地层出露关系可以发现，受构造运动的影响，断裂是控制不整合面上覆地层出露的重要因素。断裂上下盘之间常有沉积间断，断裂控制的下盘主要以东二下亚段为主，下降盘则多为沙三段，从凸起顶部至斜坡带再到凹陷中央呈现出东二上亚段+东一段逐渐过渡到沙三段或孔店组—沙四段。由断裂隔开的凸起与凹陷之间的陡坡带，则发生了沉积间断，断层上盘常为沙三段，下盘常为东二下亚段。

②不整合面之下地层展布特征。

受构造运动影响，渤中地区不整合面下伏地层差异较大，不同地区出露潜山地层差异明显。整体上，出露地层较全，从太古—中生界均有出露。在中央凹陷和渤东低凸起不整合面下伏为中生界，渤南低凸起和石臼坨凸起大部下伏为中生界，构造高部位及沙垒田凸起和渤南低凸起西块出露太古宇和寒武—奥陶系。石炭—二叠系仅在石臼坨凸起东边缘和沙垒田凸起北部部分区域出露（图 4-17）。

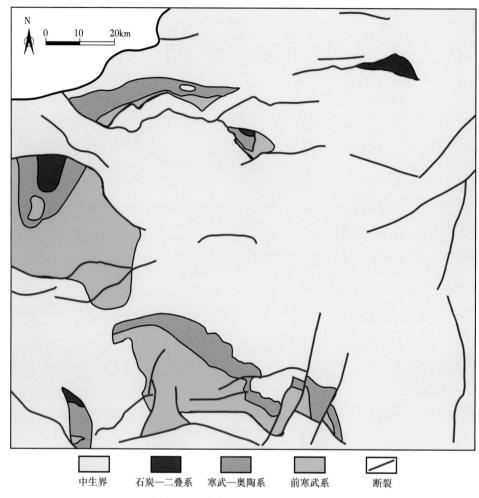

中生界	石炭—二叠系	寒武—奥陶系	前寒武系	断裂

图 4-17 渤中凹陷前古近系地质图

总体来看，不整合面之下前古近系以中生界为主，钻井揭露信息显示中生界主要为白垩系。前寒武系钻井揭露为太古宇。不整合面下伏地层出露常以断裂作为与中生界之间的分界线。太古宇、古生界、中生界经历了印支期、海西期和燕山期等多期构造运动，使前古近系出现挤压、抬升或下降，是现今地层展布规律的重要原因，这种展布规律，受构造演化的控制影响。

（2）不整合面上下岩性组合平面展布。

断陷盆地的发育过程和沉积体系受构造运动控制，不同时期、不同沉积单元的沉积环境和沉降中心在时间和空间上都存在差异，最终控制了不整合面上下岩性的宏观展布。

①不整合面之上岩性平面展布。

渤中凹陷不整合面之上的岩石分布的岩性主要为砂岩、泥岩和碳酸盐岩和碎屑岩，主要以碎屑岩为主。底砾岩发育范围小，是风化带粗碎屑的残积物，分选和磨圆较差，但是物性较好，是不整合面之上良好的运移通道，在平面图上将底砾岩与水进砂体归到同一类砂岩,在沙垒田凸起、石臼坨凸起、渤南低凸起发育水进砂体,渤东低凸起以及渤中19-6构造区发育有孔店组底砾岩。不整合面之上的泥岩分布范围广泛,主要分布于构造低势区和凹陷的边缘地带,主要起封闭作用,可作为良好的盖层;不整合面之上的碳酸盐岩主要是沙一段沉积时期形成的湖泊相碳酸盐岩,仅在局部发育,主要起封闭作用;中央凹陷受限于资料,推测其岩性为泥岩(图4-18)。

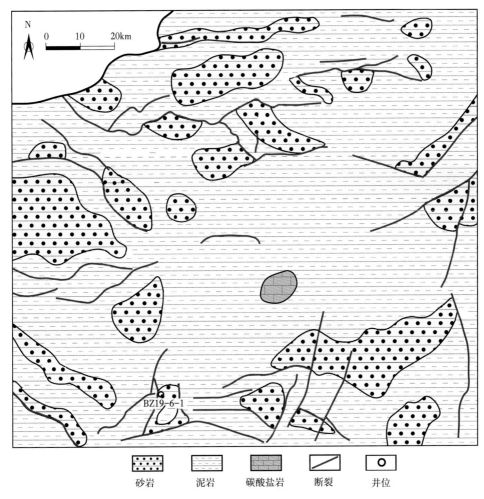

图4-18 渤中凹陷不整合面之上地层岩性展布图

②不整合面之下岩性平面展布。

渤中地区不整合面之下发育的地层岩性以变质岩、岩浆岩、碳酸盐岩、碎屑岩以及火山碎屑岩为主。变质岩主要发育在沙垒田凸起和渤中19-6构造主体区域,发育面积广泛,在石臼坨凸起以断裂与中生界为界;花岗岩主要发育以断裂和沙垒田凸起南侧主体隔开的区域,和CFD24-1-1井区北侧和东侧区域花岗岩以断裂与东侧变质岩隔开;碳酸盐岩在沙垒田凸起、石臼坨凸起和渤南低凸起呈现长条状展布,安山岩是中生代火山活动的产物,其主要发育在渤东低凸起,BZ13-1和BZ22-1井区也有发现,砂岩分布在石臼坨凸起东侧倾末端、沙垒田凸起南侧、BZ8-4 井区和 BZ13-1 井区。中央凹陷受限于资料限制，推测其为火山碎屑岩或碎屑岩（图 4-19）。

图 4-19　渤中凹陷不整合面之下地层岩性

不整合面下部岩性平面展布有一定的规律，主要受其地层时代控制。太古宇主要发育变质岩和岩浆岩；下古生界主要发育海相碳酸盐岩，以碳酸盐岩为主；上古生界发育海陆过渡相，以碎屑岩为主；中生代的火山活动，使安山岩在研究区部分区域保存下来。

3. 高渗透率砂体

1）沉积相平面展布形态

渤中凹陷古近纪以来进入断陷期，地层整体以沉降为主，沙河街组和东营组的沉积相类型受物源、断裂和地形的控制明显，主要沉积相类型为扇三角洲相、辫状河三角洲相、滨浅湖相和半深湖—深湖相，不同层系之间沉积相类型特点既有相同之处又存在差异性。

（1）沙三段沉积相平面展布特征。

沙三段沉积时期，渤中凹陷处于裂陷Ⅱ幕期，形成了大量切穿基底的大型构造断层，沉降格局在孔店组—沙四段沉积局部湖盆的基础之上，形成广阔的连片湖盆，沉积速率约400m/Ma，强烈且快速的断陷使渤中地区形成多个沉降带。

在裂陷Ⅱ幕的背景下，渤中地区形成了中央凹陷区域，沙垒田凸起南部、埕北低凸起北部和东部以及渤南低凸起西部地区发育大面积长条状的半深湖—深湖沉积，分别呈NE向和NW向展布；石臼坨凸起西南部局部区域也发育半深湖—深湖沉积，凹陷内形成多个半深湖—深湖沉降中心。在渤中地区西南部三个凸起所包围的半深湖—深湖中，发育了多个湖底扇。凹陷中心及凹陷大部分区域发育滨浅湖沉积。断层控制了扇三角洲的发育，在断裂的上盘一般均发育有相对规模较大的扇三角洲体系，呈连片状或裙带状。从位置上看，扇三角洲主要发育在石臼坨凸起、渤南低凸起和沙垒田凸起断裂的下降盘，埕北低凸起和渤东低凸起也发育了规模相对较小的扇三角洲，辫状河三角洲主要发育于凸起与凹陷过渡的斜坡地带，汇入凹陷之中的滨浅湖中，主要在石臼坨凸起的北部和东倾末端的斜坡地带处，在沙垒田凸起东部和渤南低凸起东部的斜坡地带也发育规模较大的辫状河三角洲相，扇三角洲和辫状河三角洲物源主要是附近凸起，表现出近源沉积的特征。

（2）沙一段+沙二段沉积相平面展布特征。

继沙三段沉积末期地层局部性抬升遭受剥蚀后，沙一段+沙二段沉积时期，渤中凹陷处于裂陷期裂陷Ⅲ幕，盆地重新接受沉降，沉积速率近300m/Ma。相对于沙三段沉积时期，湖盆面积扩大，呈现出"水浅面广"的特征，滨浅湖发育面积扩大，在凹陷中央发育有大片滨浅湖。半深湖—深湖发育面积减小，其主要发育在渤中地区东部、西北部与石臼坨凸起和沙垒田凸起中间夹带中，渤南低凸起西侧也发育有局部半深湖—深湖沉积，扇三角洲发育面积减小，而辫状河三角洲发育面积有所扩大，主要在渤南低凸起和石臼坨凸起东南部和北部。

随着湖侵的发育，剥蚀区面积减小，石臼坨凸起东倾末端发育多个点状扇三角洲沉积体系，东倾末端至南倾末端区域，辫状河三角洲沉积体系发育，凸起南部半深湖—深湖沉积中心向西北方向迁移，扇三角洲发育面积减小，呈小区域的裙带状；受断裂的控制，沙垒田凸起周围均发育扇三角洲沉积体系；埕北低凸起北部扇三角洲相转变为辫状河三角洲相；渤南低凸起则发育大片朵状辫状河三角洲，凸起南部发育扇三角洲；渤东低凸起则发育小片扇三角洲，扇体面积缩小。同时在沙一段+沙二段沉积时期滨浅湖沉降过程中，在沙垒田凸起东南部、渤南低凸起北部以及石臼坨凸起北部形成了部分碳酸盐台地，发育了部分碳酸盐岩混合滩相，沉积了泥质灰岩及白云岩；石臼坨凸起和沙垒田凸起夹杂的半深湖—深湖中发育了零星的湖底扇。

（3）东三段沉积相平面展布特征。

东三段沉积时期，渤中凹陷再次进入强烈断陷期，处于裂陷期裂陷Ⅳ幕，表现为构造沉降速率变大，沉积速率近600m/Ma。受构造运动、物源及断裂的控制作用，湖泊发育面积扩大，沉积了一套深湖相巨厚泥岩。研究区半深湖—深湖相发育面积达到新生界沉积以来最大，滨浅湖面积发育缩小，辫状河三角洲相发育并向湖盆推进，扇三角洲发育面积较小。

石臼坨凸起区东北部和东南部在沙一段+沙二段沉积的基础上，继承性发育辫状河三角洲沉积体系，发育面积较沙一段+沙二段扩大，受断裂的控制，在凸起南部发育扇状—裙带状扇三角洲沉积体系，发育面积急剧萎缩，形成多个小型扇三角洲，与半深湖—深湖相接；在沙垒田凸起北部大量发育朵状辫状河三角洲，而南部发育扇三角洲；埕北低凸起北部发育辫状河三角形，南部局部发育受断裂影响扇三角洲；渤南低凸起则全发育辫状河三角洲，辫状河三角洲前缘延伸距离较远；渤东低凸起发育扇三角洲，发育面积有所扩大；湖底扇主要发育在沙垒田凸起南端，形成数个扇体。

（4）东二下亚段沉积相平面展布特征。

东二下亚段沉积时期，渤中凹陷处于裂陷期裂陷Ⅳ幕，是东三段断陷期的延续，凸起面积急剧萎缩，仅残余石臼坨凸起西北部、沙垒田凸起西部和渤南低凸起东南部的小部分，埕北低凸起和渤东低凸起已经完全消失，物源由残余的凸起和凹陷北部和西南部远源物质提供，在渤中凹陷中央形成统一的沉积中心，湖盆面积较东三段沉积期缩小，扇三角洲和辫状河三角洲发育面积达到新生代沉积以来顶峰，整体来看，沉积物来自远源。

在研究区北部和东北部发育裙带状扇三角洲，主要是距离物源较近；而距离物源较远区域发育辫状河三角洲，发育面积大，延伸距离远；残余的石臼坨凸起和沙垒田凸起周围发育点状和裙带状扇三角洲，延伸距离较远；沙垒田凸起南部发育辫状河三角洲沉积，延伸距离较近；研究区西南部由远源物质提供物源，凸起周围发育裙带状扇三角洲；残余的渤南低凸起提供物源，凸起周围发育朵状扇三角洲；扇三角洲或辫状河前缘与半深湖—深湖相接触的坡折带，受断裂影响，形成多个湖底扇体。

2）砂体平面展布特征

砂体厚度研究需要建立在沉积相基础之上，应用录井、测井、岩心和地震解释资料，刻画出目的输导层砂体的平面展布特点，有利于进一步研究砂岩输导层输导性能。

（1）沙三段砂体平面展布特征。

沙三段沉积时期，发育大量扇三角洲和辫状河三角洲，其控制了砂体的平面展布范围和规模。砂体主要发育于扇三角洲相和辫状河三角洲相，多以扇状、朵状和裙带状形态分布。沙三段砂体是由近源物质提供物源，对于扇三角洲成因形成的砂体，由凸起到凹陷中央砂体厚度总体呈现出由厚变薄的趋势，辫状河三角洲成因形成的砂体，呈现出由辫状河中心向侧缘方向砂体厚度减薄的特点。在各个凸起周围，砂体厚度普遍超过100m，从凸起向凹陷方向厚度逐渐减薄至20m，且延伸较远，以渤南低凸起为代表，砂体厚度大，延伸远。凸起周围，以长石岩屑砂岩类型为主，砂岩成分成熟度和结构成熟度较低，碎屑颗粒主要为长石、石英和岩屑，长石含量30%~40%，碎屑颗粒分选差，磨圆以棱状—次棱状为主，岩屑组分主要为变质岩岩屑、火山岩岩屑和碳酸岩岩屑，也有部分硅质岩屑，反映了近源沉积的特点，如QHD36-3井区；临近凹陷，砂体厚度普遍小于20m，岩性多以泥质砂岩和粉砂岩为主，分选中等，磨圆近次圆状，碎屑颗粒组分中石英和长石含量增加，如BZ19-6井区。

（2）沙一段+沙二段砂体平面展布特征。

沙一段+沙二段沉积时期，砂体多以扇状和朵状形态呈现，砂体展布规律与沙三段相比变化不大，自凸起至凹陷，砂体厚度由100m以上减薄至20m。从录井和测井资料来看，沙一段+沙二段整体岩性以细砂—中砂岩为主，偶尔夹杂含砾细砂岩，矿物碎屑成分以长石、石英和碎屑颗粒为主，辫状河三角洲形成的砂岩分选较好，磨圆以次圆状为主，如QHD34-4井区；扇三角洲形成的砂岩由于近源堆积而分选较差，磨圆以次棱状为主，如BZ2-1井区。

（3）东三段砂体平面展布特征。

东三段时期，凸起范围缩小，砂体相对沙一段+沙二段沉积时期有所减薄，尤其以沙垒田凸起周围砂体为代表，砂岩最厚处不足100m，砂体分布范围减小，以扇状和裙状展布为主；石臼坨凸起周围砂岩多以条带状和朵状分布，砂岩厚度多在20~80m，西南部砂岩厚度可达100m，东倾末端砂体厚度虽然相对较薄，但其延伸较远。渤南低凸起发育辫状河三角洲，砂体以朵状形式展布，砂体最厚处超过100m，且延伸距离较远；埕北低凸起和渤东低凸起整体砂岩厚度较薄，普遍厚度为20~40m，凸起周围厚度可达60m，延伸距离近，发育范围小。岩性上，主要为长石岩屑砂岩，矿物颗粒主要为长石、石英和岩屑，距离物源较远的井位分选较好，出现了石英长石砂岩。

（4）东二下亚段砂体平面展布特征。

东二下亚段沉积时期，以大片扇状、朵状和长条状展布为主。砂体展布范围较东三时期急剧扩大，在研究区北部形成大型辫状河三角洲，辫状河中部砂岩厚度普遍超过80m，局部达100m以上，延伸较远；研究区西南部辫状河三角洲和扇三角洲连成一片，交汇处中部砂体达到100m以上，受远源物源影响，东二下亚段以细砂—中砂岩为主，岩性上多为石英长石砂岩，岩屑含量减少，碎屑颗粒分选好，磨圆接近次圆状。

3）微观孔隙特征

砂岩的输导性能与孔隙度和渗透率关系密切，孔隙度和渗透率又与孔隙的微观特征密切相关。孔隙及喉道的大小、连通性及配置关系是决定流体能否通过砂体输导的关键因素。所以，明确砂岩输导体的微观孔隙结构对研究砂岩的输导性能具有十分重要的意义。

（1）砂岩的孔隙类型。

基于铸体薄片鉴定、孔喉图像分析、压汞法和扫描电镜分析，发现沙三段、沙一段+沙二段、东三段和东二下亚段孔隙和喉道类型基本相同，因此将渤中凹陷沙三段—东二下亚段四个层段的孔隙类型划分为原生孔隙、次生孔隙和裂缝；将孔喉类型划分为缩颈型喉道和长条形喉道。

①原生孔隙。

原生孔隙是指沉积物自沉积埋藏以后经过压实等成岩作用而保存下来的孔隙，其可以分为颗粒与颗粒之间的残余粒间孔和基质内孔隙。

残余粒间孔：指砂岩在埋藏及成岩过程中原生粒间孔被填隙物充填但未完全充填改造后形成的孔隙，通过岩石铸体薄片观察、孔隙实验分析和扫描电镜分析可知，残余粒间孔在渤中地区发育较少，主要在胶结作用弱的砂岩中发育，常见石英一级次生加大与高岭石、伊利石等黏土矿物充填部分孔隙（图4-20a、b、c）。

杂基内孔隙：指砂岩在沉积过程中，与颗粒同时沉积，经过埋藏、压实和成岩作用，在杂基内仍然存在的孔隙，其发育极少，在砂岩中通常很难见到，加之其直径一般小于0.2μm，连通性差，对油气运移和聚集无影响，因此不再讨论。

图4-20　渤中凹陷东二下亚段—沙三段原生孔隙和次生孔隙镜下现象

残余粒间孔代表井：a—CFD18-1-1，2727.93m；b—CFD18-1-2，3212.1m；c—CFD6-2-1，2727.93m；

溶蚀粒间孔代表井：d—CFD18-2E-1，3253.2m；e—BZ2-1-2，3337.95m；f—CFD18-1-2，3197.3m；

溶蚀粒内孔代表井：g—BZ2-1-2，3337.95m；h—BZ19-6-2，3526.5m；i—CFD6-4-3，3255.5m

②次生孔隙。

次生孔隙是指由于成岩过程中受到溶蚀作用、淋滤作用和有机酸溶解等作用形成的孔隙。渤中地区次生孔隙十分发育，是研究区主要的孔隙类型，也是砂岩重要的储集与输导空间。渤中地区发育的次生孔隙主要包括碎屑之间的溶蚀粒间孔、碎屑颗粒内的溶蚀粒内孔、碎屑颗粒溶蚀后的铸模孔和自生矿物之间的晶间微孔等次生孔隙。

溶蚀粒间孔：主要为胶结物或杂基受到溶蚀后，颗粒与颗粒之间形成的孔隙，一般可在镜下观察到胶结物或杂基溶蚀的残余。研究区溶蚀作用强烈的地区，主要是在扇三角洲与辫状河三角洲中部区域，胶结物已被溶蚀殆尽，可观察到杂基溶蚀后的残余物质（图4-20d、e、f）。成岩过程中，受到淋滤作用或在酸性条件下，溶蚀方解石和杂基，形成溶蚀粒间孔，成为研究区砂岩中油气运移的主要通道。

溶蚀粒内孔：碎屑颗粒内部被溶蚀后在原地形成孔隙，是为溶蚀粒内孔。渤中地区主要发育长石和岩屑颗粒的粒内溶蚀，也有少部分石英颗粒的溶蚀，长石一般沿着解理面、解理缝或微裂缝溶蚀，岩屑一般沿着微裂缝或从岩屑边缘开始溶蚀。研究区可见长石内部溶蚀形成的长条状或蜂窝状的溶孔（图4-20g、h、i），一般长度为10~60μm，宽为1~5μm。岩屑一般呈麻点状溶蚀。溶蚀粒内孔也有效地改善了输导层的物性。

　　铸模孔：指砂岩中易被溶蚀的颗粒被完全溶蚀后在颗粒的位置留下的孔洞，有的铸模孔还能看出溶蚀的残余颗粒。铸模孔是易溶颗粒的粒内长条状、蜂窝状孔隙进一步溶蚀的结果（图4-21a、b）。渤中地区的铸模孔多为长石颗粒溶蚀后留下的孔洞，对改善输导层物性有利。

　　自生矿物晶间微孔：砂岩沉积物在经过埋藏和成岩作用的过程中，形成了较多类型的自生矿物，自生矿物之间的孔隙则为自生矿物晶间微孔。渤中地区主要发育高岭石晶间孔或者其与伊利石之间的晶间微孔（图4-21c、d），一般孔径较小，但存在连通性，连通的较大的晶间微孔对油气运移也有部分贡献。

　　裂缝：裂缝包括由构造应力使岩石产生的缝隙、解理缝和层理缝。构造应力产生的缝隙是构造缝，在沉积成岩中产生的缝隙为解理缝或层理缝。渤中地区解理缝和层理缝不发育，构造缝相对较发育（图4-21e、f），常形成长度达到1~3cm的裂缝；微裂缝十分发育，常切穿矿物颗粒，其长度为50~350μm，宽度一般在1~15μm之间。微裂缝和裂缝组成的裂缝系统有效地改善了砂岩的输导性能。

图4-21　渤中凹陷东二下亚段—沙三段次生孔隙和裂缝镜下现象

a—长石强烈溶蚀形成铸模孔，CFD18-1-1，2727.93m；b—长石强烈溶蚀形成铸模孔，CFD18-1-2，3197.3m；
c—高岭石的晶间孔隙，CFD6-2-4，3166m；d—伊利石和高岭石晶间孔隙，CFD6-2-4，3215m；e—裂缝，
BZ013-1，2724.85m；f—裂缝，BZ19-6-2，3549.5m

　　（2）喉道特征。

　　喉道起着连通的孔隙的作用，对砂岩的输导有重要作用，研究区主要存在长条形喉道和缩颈型喉道。长条形喉道主要发育在碎屑颗粒与颗粒之间的线接触关系中的喉道，或存在于由溶蚀作用形成的粒间宽度较宽的喉道，抑或是以裂缝形式存在的喉道，长条形喉道

主要于溶蚀强烈的扇三角洲和辫状河三角洲中部区域，喉道与孔隙连通性较好；缩颈型喉道是指碎屑颗粒之间接触收缩的部分，碎屑颗粒之间接触关系多为点接触，颗粒之间残余孔隙较为发育，常发育在溶蚀作用不强烈的辫状河三角洲和扇三角洲前缘或扇根区域。

（3）孔喉分布特征。

应用毛管压力曲线和孔喉图像分析，对沙三段—东二下亚段砂岩孔喉大小进行统计，可以准确有效地分析砂岩输导层的孔喉分布特征。

孔喉中值半径可以用来评价储层喉道类型和特征，参照储层孔喉中值类型划分（SY/T 6285—2011），通过 16 块压汞测试数据和典型井位孔喉实验分析表明（表4-7），渤中地区发育的孔喉类型主要集中在特小孔喉（孔喉半径中值小于 $3\mu m$）和中孔喉（孔喉半径中值为 $5\sim15\mu m$）两个阶段，沙三段孔喉半径中值为 $0.01\sim2.32\mu m$，平均值为 $0.63\mu m$；沙一段+沙二段孔喉半径中值为 $0.01\sim1.86\mu m$，平均值为 $0.32\mu m$；东三段孔喉半径中值为 $0.01\sim2.96\mu m$，平均值为 $0.46\mu m$；东二下亚段，孔喉半径中值为 $0.03\sim13.62\mu m$，平均值为 $8.63\mu m$。受样品的限制，孔喉半径中值最好的层位为东二下亚段，最差的层位为沙一段+沙二段。小孔喉可能是埋藏过程中黏土矿物堵塞喉道或在成岩过程中砂岩经历了石英次生加大、压实作用和胶结作用等使孔隙减小造成的，而后期溶蚀作用可使孔隙增大，连通性变好，从而形成中孔喉。

表4-7　渤中凹陷典型井位孔喉分布特征

井位	层位	中值压力（MPa）	平均孔喉半径（μm）	最大孔喉半径（μm）	孔喉半径中值（μm）	最大进汞饱和度（%）	退汞效率（%）
QHD35-02-1	E_2s_3	1.55598	1.2643	4.6883	0.4727	76.64	41.727
QHD36-03-1	E_2s_{1+2}	24.92379	0.7981	3.5728	0.2295	51.84	26.279
QHD35-02-3	E_3d_3	2.90625	1.0932	4.6436	0.2531	72.88	49.215
CFD18-01-2	$E_3d_2{}^L$	0.1127	7.9512	16.3409	6.522	80.434	14.7118

4）关键时期孔渗恢复

关键时期是指油气的大规模运移时期。关键时期的物性经成岩作用演变至今已与现今物性存在较大差异，因此关键时期的古物性恢复尤为重要。本节以现今实测物性为基础，结合孔隙图像分析和镜下薄片观察，恢复关键时期古孔隙度，结合实测孔渗数据关系，计算出各个井位的古渗透率。

（1）关键时期的选择。

前人研究表明，渤中地区的关键时期为明化镇组沉积期末，为晚期快速成藏，成藏时间距今 5—3Ma（薛永安等，2016；徐长贵等，2019；王清斌等，2019）。本文中所指关键时期均指明化镇组沉积期末。

（2）关键时期物性恢复。

通过成岩作用研究并结合其与油气充注的关系可得，砂岩发生大量方解石溶蚀发生在油气大规模运移时期，明化镇组沉积末期以后成岩环境演变为弱碱性—碱性环境，通过判断残余沥青与铁质碳酸盐胶结物和黄铁矿胶结物的接触关系，认为明化镇组沉积末期至今只有铁质碳酸盐和黄铁矿胶结孔隙，因此用现今孔隙减去铁质碳酸盐和黄铁矿胶结的孔隙，则为明化镇末期的古孔隙度，结合现今孔隙度—渗透率关系，得到明化镇组沉积末期古渗透率。

现今实测孔隙度和渗透率是古物性恢复的基础，结合铸体薄片鉴定、孔隙图像分析准确测定铁质碳酸盐胶结孔隙的面孔率和黄铁矿胶结孔隙的面孔率 S，此处认为面孔率与孔隙度之间成正比，得到孔隙度与面孔率之间的关系：

$$\phi_{铁质} = \phi_{今} \times S_{铁质} / (S_{今} + S_{铁质}) \tag{4-3}$$

$$\phi_{黄铁矿} = \phi_{今} \times S_{黄铁矿} / (S_{今} + S_{黄铁矿}) \tag{4-4}$$

其中，$S_{铁质}$ 为铁质碳酸盐胶结物面孔率，$S_{黄铁矿}$ 为黄铁矿胶结物面孔率，$S_{今}$ 为现今面孔率。

得到关键时期古孔隙度的计算公式为：

$$\phi_{古} = \phi_{今} + \phi_{铁质} + \phi_{黄铁矿} \tag{4-5}$$

其中，$\phi_{古}$ 为关键时期古孔隙度，$\phi_{今}$ 为现今实测孔隙度，$\phi_{铁质}$ 为铁质碳酸盐胶结物充填孔隙，$\phi_{黄铁矿}$ 为黄铁矿胶结物充填孔隙。

通过上述方法对研究区的铸体薄片所在井位进行古孔隙度恢复，得到明化镇末时期的古孔隙度与现今孔隙度关系（蓝色为沙三段—沙一段+沙二段现今—古孔隙度关系，红色为东三段—东二下亚段现今—古孔隙度关系），结合现今孔渗关系（蓝色为沙三段—沙一段+沙二段现今孔渗关系，红色为东三段—东二下亚段现今孔渗关系）恢复关键时期的渗透率。

5）关键时期孔渗平面展布特征

砂岩物性的宏观表征通常用孔隙度和渗透率两个参数表征，其主要受控于沉积环境、砂岩展布和成岩作用。以测井解释孔隙度数据为基础，结合压汞数据，计算出各井位的孔隙度和渗透率。

（1）关键时期沙三段孔渗特征。

受扇三角洲—辫状河三角洲—滨浅湖—半深湖—深湖沉积体系影响，砂体主要分布于扇三角洲和辫状河三角洲沉积相之上。沙三段沉积期，总体来看，孔隙度和渗透率的高值分布在石臼坨南部、沙垒田东部和渤南低凸起部分地区附近，孔隙度高值大于21%，透率大于30mD，埕北低凸起和渤东低凸起周围砂体岩性物性较差，孔隙度最大值约15%，渗透率小于15mD。通过镜下薄片观察发现，孔隙度和渗透率数值较大的区域对应的矿物颗粒分选较好，磨圆以次圆状居多，多以点—线接触为主，溶蚀孔隙发育；物性较差的区域对应的镜下薄片观察显示为紧密压实，分选差，磨圆以棱状—次棱状为主，孔隙以被泥质填充为主，溶蚀较差。

物性较好的砂体均分布于扇三角洲和辫状河三角洲上。由于扇三角洲中部，砂岩经过搬运，颗粒分选和磨圆均较好，因此扇三角洲中部物性较好；靠近物源的扇三角洲砂体由于近源和快速堆积，砂岩颗粒的分选和磨圆较差，影响了砂岩的物性，因而孔隙度和渗透率相对扇体中部较小；扇三角洲和辫状河三角洲前缘虽然砂岩分选和磨圆较好，由于其砂岩粒度较小，也影响其物性的好坏。

（2）关键时期沙一段+沙二段孔渗特征。

沙一段+沙二段受扇三角洲—辫状河三角洲相沉积体系控制，优势储层区域呈扇状带和条带状展布，扇体和条带状中间向两侧过渡，物性逐渐变差。渤中凹陷沙一段+沙二段物性较好的区域分布在石臼坨凸起南部、沙垒田凸起南部和渤南地凸起北部的部分区域，沉积相体系以辫状河三角洲和大型扇三角洲沉积体系为主。压汞数据显示 QHD35-2-1 井实测孔隙度为 14.8%，渗透率平均值为 30.1mD，井下薄片观察其溶蚀作用十分强烈，胶结物几乎全部被溶蚀，长石颗粒溶蚀形成铸模孔。压汞数据显示 BZ25-1-5 井孔隙度平均值为 9%，渗透率为 0.5mD，物性较差，究其原因，其主要处于辫状河三角洲侧缘，镜下薄片观察发现其压实作用强烈，石英和长石颗粒小，矿物颗粒的分选较差，磨圆以棱状—次棱状为主，以粉砂岩为主。

（3）关键时期东三段孔渗特征。

东三段沉积期，受扇三角洲和辫状河三角洲沉积体系约束，物性较好的区域分布于石臼坨凸起南部和东倾端，如 CFD6-4 井区和 QHD34-4 井区，沙垒田凸起南部和渤南低凸起北部的部分区域，物性较好的区域呈长条状和带状展布。由条带状物性较好的区域向四周物性逐渐变差，渤东低凸起和埕北低凸起物性相对较差。根据压汞数据可得，CFD6-4-1 井实测孔隙度平均值为 16.2%，渗透率为 112.4mD，属于物性较好的优势区域；物性较差的区域多分布在扇根和辫状河三角洲侧缘，镜下观察发现其孔隙多被泥质和胶结物充填，CFD18-2-1 井实测孔隙度平均值为 8.2%，渗透率为 2.1mD，属于物性较差的区域。

（4）关键时期东二下亚段孔渗特征。

东二下亚段沉积期，物性相对好的区域的分布范围比沙三段、沙一段+沙二段和东三段大得多。受沉积体系影响，砂体均分布于扇三角洲和辫状河三角洲之上，物性受控于砂体展布范围，物性优势地区集中在朵状和扇状砂体中部，呈椭圆状和条状，主要分布在 QHD34-2 井区、CFD6-1 井区和 BZ13-1 等井区，孔隙度在 18%~21% 及以上，渗透率可达 0.05~0.1μm² 以上，均属于物性较好的区域。物性较差的区域多分布在扇根和扇体前端和侧缘，孔隙度多分布在 9%~12%，渗透率多在 1mD。

二、输导体系有效性评价

1. 断裂

研究发现，渤中地区一、二级边界大断层对浅层油气成藏的运移与成藏起控制和分配作用（王冠民等，2017），深层油气藏与早期形成的断裂关系更为密切。渤中地区发育一系列汇聚型正断层，通过构造演化分析可得，早期活动断层多在沙河街组末期和东营组末期停止活动，虽然在成藏时期，早期形成的断裂不活动，但是其可能改变了断层两盘岩性配置，控制了沉积体系的展布，以及断层形成时断层体派生的构造裂缝，也可成为油气运移的通道，加之明化镇组沉积末期的新构造运动，促进部分断裂重新活化，对深层油气藏的运移与成藏有重要影响，对油气起垂向或穿层的侧向输导作用。

2. 不整合

不整合的输导范围和起伏形态控制着油气侧向运移的方向。结合不整合的输导类型、起伏形态，分析不整合输导体的输导性能。

1）不整合面起伏形态

通过 20 条平衡剖面恢复了研究区构造演化过程，可以得出在油气大规模运移的关键时期，明化镇组沉积末期地貌特征与现今地貌特征起伏一致，所以现今地貌与前古近系不整合面起伏形态可代替明化镇组沉积末期不整合面的起伏形态。

从现今不整合面起伏形态来看（图 4-22），渤中地区中央凹陷地势最低，最深处在渤东低凸起北部，超过 12000m，凹陷主体普遍超过 6000m，凸起在 3000m 左右，凸起边缘的构造带多在 4000m 左右，这一地势起伏，呈现出由凹陷向凸起和构造带方向，地势逐渐变高，整体有中间凹陷低、四周凸起高的特征。

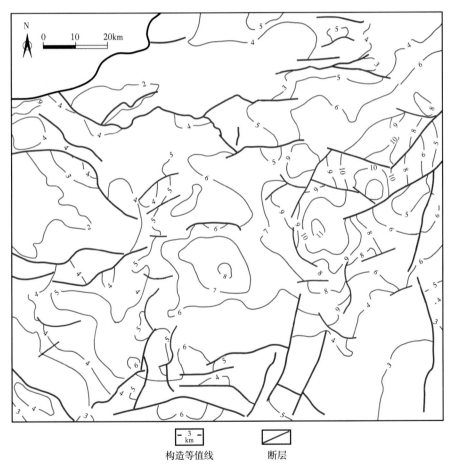

图 4-22　渤中凹陷前古近系—古近系不整合面起伏形态图

2）有效不整合输导体的展布

宏观上发育了削截—超覆不整合、褶皱不整合、断层—超覆不整合、断层—褶皱不整合、多期削截不整合和平行不整合六种模式。多期削截不整合、褶皱不整合、断层—褶皱不整合受构造作用、风化作用以及地势等影响，形成了较发育的裂缝和次生孔隙，输导性能最好；断层—超覆不整合和削截—超覆不整合受控于地貌，遭受风化剥蚀作用相对较弱，裂缝和次生孔隙发育相对多期削截、褶皱和断层—褶皱不整合稍差，输导性能次之；距离凸起较远的削截—超覆不整合处于缓坡带上，风化剥蚀作用不强，裂缝和次生孔隙相对发育斜坡高处的削截—超覆不整合不发育，输导性能一般；平行不整合常处于深洼中，接受沉积较早，次生孔隙和裂缝不发育，常形成泥—泥对接，是非输导区域。研究区不整合油气显示层位大部分位于不整合面之下，少部分集中在不整合面之上，说明不整合面之下在油气运移的过程中起主要输导作用，不整合面之上的砂岩起辅助作用。

不整合之下地层以变质岩、火山岩、碳酸盐岩、砂岩等半风化岩石发育风化裂缝带和内幕裂缝带与上覆底砾岩、水进砂体匹配组合。前已述及，不整合面之下的变质岩、火山岩、碳酸盐岩、砂岩等半风化岩石和不整合面之上部分底砾岩、水进砂体均具有较强的输导能力。结合不整合输导类型与特征，不整合起伏形态和录井油气显示将不整合输导区域分为不整合输导最优区域、不整合输导较优区域、不整合输导一般区域和不整合不输导区域（图4-23），其中不整合输导最优区域与较优区域是不整合主要输导区域与一般区域也具有输导性能。

（1）不整合输导最优区域：以垂向+侧向输导型为主，辅之以凸起边界小范围的侧向型输导，宏观上的多期削截不整合、褶皱不整合、断层—褶皱不整合与不整合面之下的半风化岩石配置良好，受构造运动的影响，断层、褶皱和裂缝发育，微观上半风化岩石次生孔隙、溶洞和裂缝十分发育，这些要素组合在一起，构成了不整合输导最优区域。

（2）不整合输导较优区域：主要以凸起边缘的侧向输导型为主，宏观上的断层—超覆不整合以及削截—超覆不整合与砂岩组合配置，断层与削截不整合改变了不整合面的输导能力，通过与不整合面砂岩岩性相组合，构成了不整合输导较优区域。

（3）不整合输导一般区域：由靠近凹陷的侧向输导型，宏观上的距离凸起较远的削截超覆不整合与火山碎屑岩和砂岩的组合，构成了不整合输导一般区域。

（4）不整合不输导区域：由不输导型结合宏观上的平行不整合与泥岩的组合，构成了不整合不输导区域。

石臼坨凸起大部分区域为不整合输导较优区域，呈带状展布，在石臼坨凸起东侧倾末端以及南侧倾末端和西部区域为不整合输导最较区域，油气显示井均为不整合面之下地层，分布在最优和较优输导区域；在沙垒田凸起以及渤西南地区至渤南低凸起地区发育大量变质岩、火山岩和碳酸盐岩，沙垒田、渤南低凸起和渤东低凸起顶部为不整合输导优势区域，呈片状展布，凸起周围为不整合输导较优地区，油气显示井位绝大多数为不整合面之下，少部分为上下界面均有油气显示，只有一口井位仅在不整合面之上有油气显示；不整合输导一般区域位于凹陷至凸起带的斜坡处，广泛分布，仅有一口井在不整合输导一般区域显示；不整合不输导区域主要位于渤东低凸起东北部的渤南低凸起北部的凹陷深部。结合不整合输导有利区域图、录井油气显示和不整合面起伏形态，反映了油气经凹陷沿着不整合输导一般区域过渡到较优区域，最后至最优区域。从凹陷到凸起及潜山构造带，油气运移越来越容易，不整合成为渤中凹陷深层油气运移的良好通道。

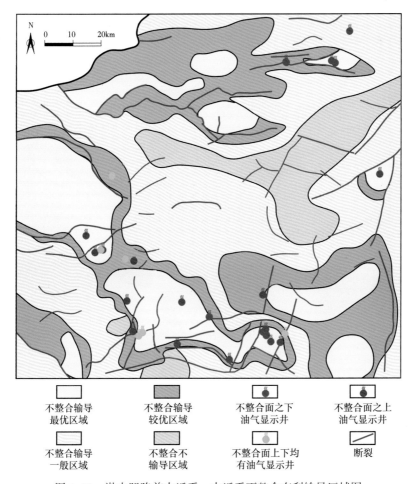

图4-23　渤中凹陷前古近系—古近系不整合有利输导区域图

图例：

- 不整合输导最优区域
- 不整合输导较优区域
- 不整合面之下油气显示井
- 不整合面之上油气显示井
- 不整合输导一般区域
- 不整合不输导区域
- 不整合面上下均有油气显示井
- 断裂

3. 高渗透率砂体

砂岩输导体的输导性能可以用"储存系数"和"流动系数"（王震亮，2005）评价，储存系数和流动系数分别表示砂岩输导体储存流体和允许流体通过的能力，采用无量纲处理，在平面上勾画出储存系数和流动系数平面图，评价砂岩输导能力，结合录井油气显示，可确定有效砂体的展布范围。

1）砂体储存系数和流动系数

（1）E_2s_3 储存系数和流动系数。

E_2s_3 储存系数在 1.32~32.26 之间变化（图4-24），平均值为 11.28，流动系数范围为 15.26~3823.8，平均值 2206.68，高值区域主要分布在石臼坨凸起南部、BZ25-1 井区南侧和渤南低凸起西部，尤其是在渤南低凸起西部储存系数和流动系数值较大，最大值分别超过了 18 和 3000，主要得益于渤南低凸起西部砂体厚度较厚且分布范围广，物性也较好。相对而言，沙垒田凸起东侧与南侧储存系数和流动系数值也较大，最大值为 16~18 和大于 3000，埕北低凸起和渤东低凸起及石臼坨凸起北部储存系数值较小。

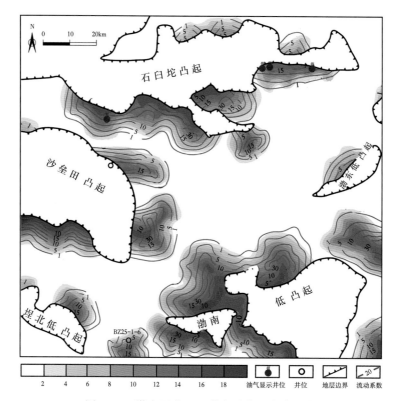

图 4-24　渤中凹陷 E_2s_3 储存系数和流动系数

（2）E_3s_{1+2} 储存系数和流动系数。

E_3s_{1+2} 储存系数和流动系数相对沙三段高值分布范围有所减小（图 4-25），储存系数区间 1.18~30.70，平均值为 9.01，流动系数范围为 9.86~3564.2，平均值 2016.42，高值区域主要分布在石臼坨凸起东倾末端南部、沙垒田东部 BZ8-4 井区和渤南低凸起东侧北部，储存系数最大值均可以达到 18，流动系数最大值在 3000 以上。在石臼坨凸起北部部分区域、CFD6-4 井区和渤东低凸起 BZ6-1 井区储存系数值也较大，最大值在 14~16 之间，流动系数为 1200~3000 或超过 3000，埕北低凸起储存系数和流动系数较低。

（3）E_3d_3 储存系数和流动系数。

E_3d_3 储存系数和流动系数整体较小（图 4-26），储存系数和流动系数区间为 0.21~21.31 和 2.98~5162.8，均值分别为 7.72 和 1935.85。储存系数和流动系数高值区域分布于 CFD6-4 井区、QHD34-4 井区和渤南低凸起北部，在石臼坨凸起南部大部分区域以及东北部储存系数和流动系数都较好，埕北低凸起和渤东低凸起储存系数和流动系较低，分别小于 6 和 600，沙垒田凸起周围储存系数和流动系数也相对较小，最大值分别为 14 和超过 2000。

（4）E_3d_2 储存系数和流动系数。

E_3d_2 储存系数是所有古近系目的层中储存系数和流动系数值最大的层位（图 4-27），储存系数为 2.13~40.29，流动系数值为 16.85~8629.28，两者均值分别为 12.65，3869.81。

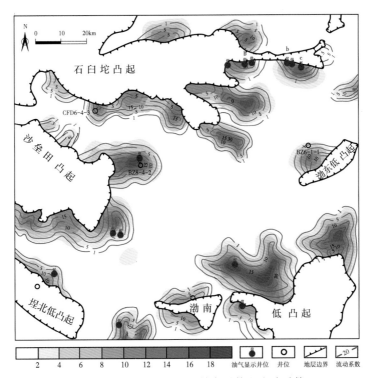

图 4-25 渤中凹陷 $E_3 s_{1+2}$ 储存系数和流动系数

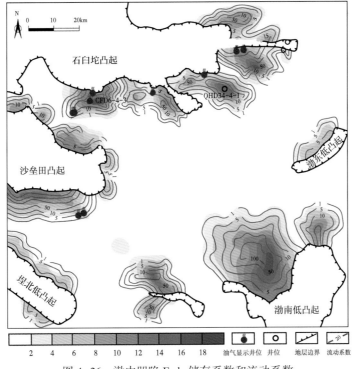

图 4-26 渤中凹陷 $E_3 d_3$ 储存系数和流动系数

高值区域分布广泛，以 QHD34-2，CFD6-2，CFD24-4 井区南部和 BZ23-3 井区附近为主，基本都在各个扇体和辫状河三角洲的中部储存系数均较大，数值大于 18 和 5000。

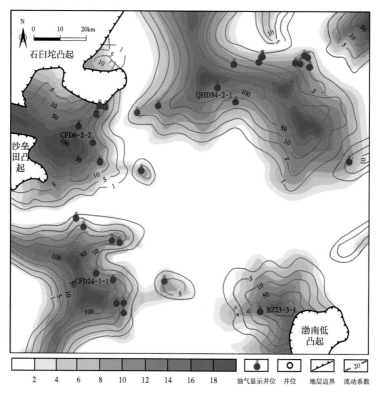

图 4-27　渤中凹陷 E_3d_2 储存系数和流动系数

通过以上分析可以发现，从层位来看，储存系数和流动系数最大至最小依次为东二下亚段、沙三段、沙一段+沙二段和东三段；从分布区域来看，储存系数较大值位于扇状或朵状砂体的中间和接近扇根的位置。

2）有效砂体展布

（1）沙三段有效砂体展布。

通过叠加储存系数与流动系数、油气显示井位叠加图综合来看，沙三段以储存系数大于 10 和流动系数大于 600 的区域定为砂体输导区域，以储存系数大于 12 和流动系数大于 1200 作为砂体输导优势区域，优势区域主要分布在石臼坨凸起与渤南低凸起附近（图 4-28）。有效砂体输导区域主要分布在扇三角洲或辫状河三角洲中部，呈带状或裙状展布，砂岩输导层的孔喉半径均较大，有利于大规模的油气运移。

（2）沙一段+沙二段有效砂体展布。

沙一段+沙二段以储存系数大于 6 和流动系数大于 200 作为有效砂体输导区域，以储存系数大于 12 和流动系数大于 600 为砂体输导优势区域（图 4-29）。优势输导区域主要位于沙垒田凸起南侧、渤南低凸起北侧和石臼坨凸起 QHD34-4、QHD36-3 和 QHD35-2 井区，油气自凹陷向凸起方向运移。

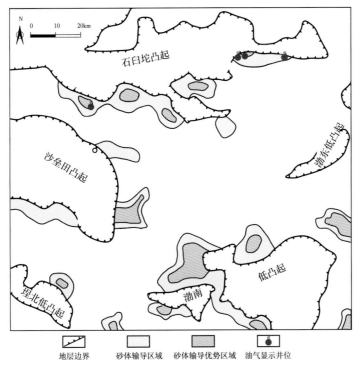

图 4-28　渤中凹陷沙三段有效砂体展布图

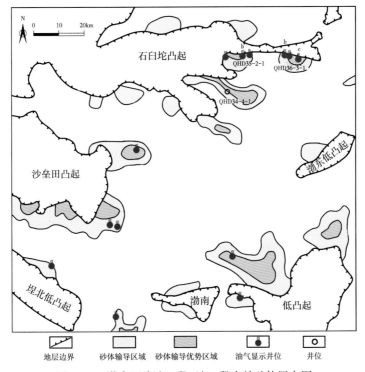

图 4-29　渤中凹陷沙一段+沙二段有效砂体展布图

（3）东三段有效砂体展布。

东三段以储存系数大于 6 流动系数大于 200 作为有效砂体输导区域，储存系数大于 12 和流动系数大于 2000 为砂体输导优势区域（图 4-30）。石臼坨凸起有效砂体呈点状排布，在沙垒田凸起南部和渤南低凸起北部则呈带状展布，埕北低凸起和渤东低凸起无有效砂体。

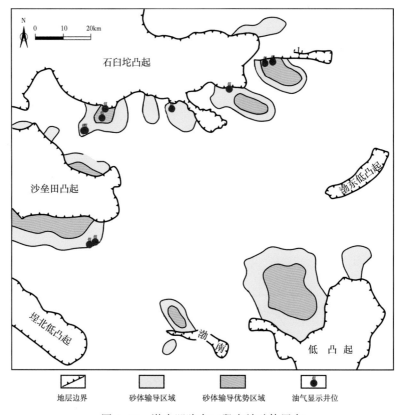

图 4-30　渤中凹陷东三段有效砂体展布

（4）东二下亚段有效砂体展布。

东三段以储存系数大于 6 和流动系数大于 20 作为有效砂体输导区域，储存系数大于 10 和流动系数大于 200 为砂体输导优势区域（图 4-31）。在渤中地区北部、西部和西南部发育大片有效砂体，渤南低凸起西北侧有效砂体展布范围相对减小。整体来看，由于辫状河三角洲和扇三角洲的发育，东二下亚段有效砂体输导范围较东三段沉积时期显著增加。

结合前文所述砂岩微观输导性能整体来看，有效砂体的展布与砂岩微观孔喉配置良好，东二下亚段有效砂体展布区域最大，优势砂体常分布在扇三角洲和辫状河三角洲中部和前缘，在以扇三角洲为主要输导层段的砂体，部分接近凸起的扇根，也有部分有效砂体。根据有效砂体的展布范围来看，垂向上由深至浅有效砂体和优势砂体展布范围越来越广；砂体输导性能由好到差的顺序为：东二下亚段、沙三段、沙一段+沙二段、东三段，这一顺序有利于油气从凹陷向深层、潜山和凸起运移。

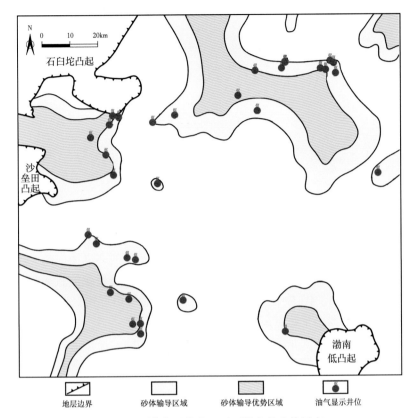

图 4-31　渤中凹陷东二下亚段有效砂体展布

第五章　油气运移和成藏特征

第一节　含油气系统、油气运聚单元与优势运移路径

一、含油气系统

渤海湾盆地陆相油气勘探表明含油气系统的空间展布与烃源岩直接相关。受多期构造运动影响，渤中凹陷具有多套烃源岩和含油气层系。已发现的环渤中凹陷多个油气田分布均以渤中富烃凹陷为中心，丰富的油气从凹陷中心向边缘凸起呈辐射状运移成藏，烃源岩控制着油气分布（图5-1，图5-2）。渤中凹陷已发现油气田以富烃凹陷为中心呈环带状分布，由于渤中凹陷的宽缓箕状形态，油气会沿斜坡长距离运移，含油气系统的范围必然大于烃源岩展布范围，含油气系统的边界也超出了渤中凹陷，应扩大到渤中坳陷的范畴。

含油气系统的顶界为区域盖层及上覆岩系所限，底界为底层烃源岩所覆盖的储层；含油气系统的侧向范围确定通过成熟烃源岩和油气藏的分布来确定，即通过由烃源岩展布范围和该烃源岩生成油气所到达的最大范围所确定。复合含油气系统边界的确定应综合考虑各含油气系统，取最大外边界。由于研究区全部处于渤中凹陷复合含油气系统内，故亚含油气系统边界均受限于研究区范围，渤中凹陷复合含油气系统可进一步划分为主洼—北洼亚含油气系统（Ⅰ）、西南洼亚含油气系统（Ⅱ）和西洼亚含油气系统（Ⅲ）（图5-1）。

裂陷期，渤中凹陷发育了良好的古近系烃源岩、储层和部分盖层，古近系烃源岩成熟时期主要在古近纪末和新近纪。古近纪末（距今24.6Ma），沙三段烃源岩已经成熟，凹陷中心开始进入生湿气阶段，尚未成熟的沙一段+沙二段及东营组可作储层和盖层；同时，断裂作用使得沙三段烃源岩生成的油气有机会进入古潜山。裂后期馆陶组和明化镇组下部粗碎屑岩是良好储层，明化镇组上部泥页岩是区域性盖层，此时渐新统沙一段+沙二段及东营组烃源岩进入成熟期，油气向潜山构造和新近系充注。现存的含油气系统总是受最晚一期构造运动的支配，古近纪末以来油气已开始运移、聚集，至新构造运动时期（5.1Ma以来）老的油气藏遭破坏、调整后形成新的油气藏，控制了各油气藏的成藏与分布。

二、油气运聚单元

流体势分布形态影响着地下流体的运移和聚集，势梯度决定了地下流体的运移方向。流体势图可用来分析油气的主要运移方向和主要汇聚区，确定油气运移的"分隔槽"位置和划分油气运聚单元。油气总是沿势梯度最大的方向（油气运移的主要方向）从流体势高势区向低势区（有利聚集区）运移。油气运移过程受分隔槽所限，分隔槽即高势面，是由流体势等值线确定的分界线，其两侧油气运移方向不同，分隔槽将含油气系统进一步划分

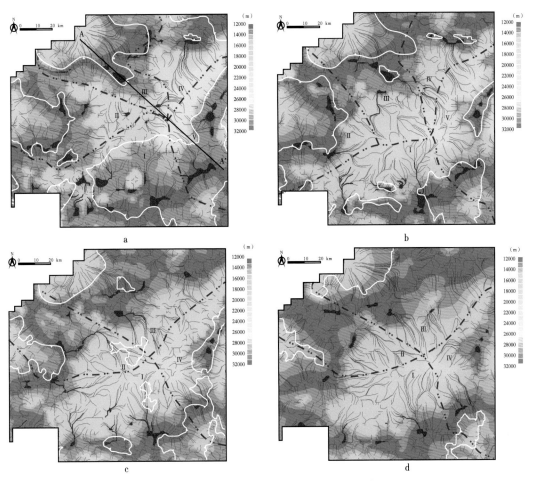

图 5-1 渤中凹陷烃源岩含油气系统平面展布图

a—沙三段；b—沙一段+沙二段；c—东三段；d—东二下亚段

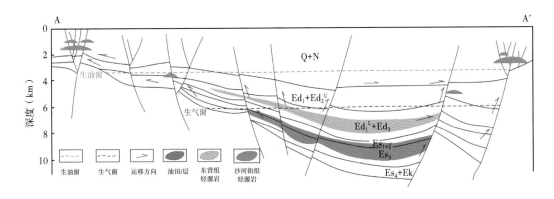

图 5-2 渤中凹陷复合含油气系统地质剖面图（剖面位置见图 5-1a，AA′）

为若干个油气运聚单元。除非流体势等值线呈绝对圆形，否则总会将盆地划分为若干个油气运聚单元。油气运聚单元介于含油气系统和成藏组合之间，但也包括了烃源岩和油气藏在内的成藏所不可缺少的地质要素和地质作用，同样遵循从源到藏的原则。油气运聚单元可包含数个油气成藏组合，是可实现油气运移—聚集全过程的三维地质单元，也是主要的勘探目标区。

根据上述油气运聚单元划分原则和含油气系统流体势等值线形态，对沙三段、沙一段+沙二段、东三段和东二下亚段四套含油气系统进行油气运聚单元划分，并分别对其进行分析和描述。沙三段和沙一段+沙二段含油气系统各划分为五个油气运聚单元，东三段和东二下亚段含油气系统各划分为四个油气运聚单元（表5-1）。

表5-1　现今渤中凹陷复合含油气系统运聚单元划分

含油气系统	油气运聚单元		主要油气田/含油气构造
	代号	命名	
东二下亚段 含油气系统	I	渤西南油气运聚单元	渤中13/19、渤中21-22
	II	沙垒田油气运聚单元	渤中8-4、曹妃甸6-1/2
	III	石臼坨油气运聚单元	渤中2-1、427潜山、428潜山、
	IV	渤东油气运聚单元	蓬莱7-1、蓬莱19-3
东三段 含油气系统	I	渤西南油气运聚单元	渤中13/19、渤中21-22
	II	沙垒田油气运聚单元	渤中8-4、曹妃甸18-1
	III	石臼坨油气运聚单元	渤中2-1、427潜山、428潜山
	IV	渤东油气运聚单元	蓬莱7-1、蓬莱19-3
沙一段+沙二段 含油气系统	I	渤西南油气运聚单元	渤中19-6、渤中21-22、渤中28/29
	II	沙垒田油气运聚单元	渤中8-4、渤中13-1、曹妃甸18-1/2
	III	石臼坨西油气运聚单元	曹妃甸6-4、渤中2-1、427潜山
	IV	石臼坨东油气运聚单元	428潜山
	V	渤东油气运聚单元	蓬莱7-1、蓬莱19-3
沙三段 含油气系统	I	渤西南油气运聚单元	渤中19-6、渤中21-22、渤中28/29
	II	沙垒田油气运聚单元	渤中8-4、渤中13-1、曹妃甸18-1/2
	III	石臼坨西油气运聚单元	曹妃甸6-4、渤中2-1、427潜山
	IV	石臼坨东油气运聚单元	428潜山
	V	渤东油气运聚单元	蓬莱7-1、蓬莱19-3

其中，沙三段含油气系统的高势区除在主洼呈北东向带状分布外，西南洼、西洼和北洼均是气势高值区，北部的秦南凹陷和东南角的庙西凹陷也都是气势高值区。分隔槽沿主洼长轴线与各次洼交汇，将沙三段含油气系统分割成五个油气运聚单元，即渤西南油气运聚单元、沙垒田油气运聚单元、石臼坨西油气运聚单元、石臼坨东油气运聚单元和渤东油气运聚单元，五个油气运聚单元目前均有油气发现。渤西南油气运聚单元尤为有利，天然气储量规模达千亿立方米级。

沙一段+沙二段含油气系统流体势场与沙三段多有相似，气势高值区在主洼呈北东向条带状分布，西洼和北洼也为高气势区。受沙一段+沙二段烃源岩分布限制，西南洼并未出现明显的高气势。沙一段+沙二段含油气系统也划分为渤西南油气运聚单元、沙垒田油气运聚单元、石臼坨西油气运聚单元、石臼坨东油气运聚单元和渤东油气运聚单元，五个油气运聚单元也均有油气发现。

东三段含油气系统流体势场气势高值区主要在主洼，两条分隔槽分别沿北东向和北西向将东三段含油气系统划分为四个油气运聚单元，分别是渤西南油气运聚单元、沙垒田油气运聚单元、石臼坨油气运聚单元和渤东油气运聚单元。

东二下亚段含油气系统流体势场气势高值区也是在主洼，被分隔槽划分为四个油气运聚单元，分别是渤西南油气运聚单元、沙垒田油气运聚单元、石臼坨油气运聚单元和渤东油气运聚单元。

三、油气优势运移路径预测

利用现今油势平面展布，结合钻井揭示的油气分布预测优势运聚区域是最为合理的解决方案。利用三维数值模拟计算出整个渤中凹陷的孔隙流体压力，整合先前计算的地下原油密度计算出渤中凹陷现今深层优势平面展布。渤中凹陷整体表现出现今的油气藏展布主体分布在原油运移指向的低油势区间范围内，在原油发生侧向运移过程中，低油势梯度特征表现为驱动原油的剩余压力降低，易于原油发生聚集成藏，从整个渤中凹陷范围来看，油气分布多集中在低油势梯度的低凸起带附近，具体表现为深洼富烃中心与低凸起带运聚区域见有高油势区的存在，表明原油在局部沿断层呈现垂向运移聚集的特征。综合来看，平面和垂向上剩余压力的较大幅度增大强化了原油向低油势区域的运聚，较大地提高了原油优势运聚效率。

第二节　地球化学指标约束下的原油优势运移方向

一、饱和烃生物标志化合物参数

渤中凹陷 BZ19-6 井区深层潜山不同烃源来源的原油生物标志化合物参数特征变化（同层位取单口井数据点分析平均值）。BZ19-6-16 井太古宇原油生物标志化合物参数中具最高的 $C_{19}/C_{23}TT$ 和 $C_{20}/C_{23}TT$，低 $4-MSI/\Sigma C_{29}ST$ 和 $Gam/\alpha\beta C_{30}H$，属于典型半径 E_3d_3 烃源岩的原油。而 BZ21-2-1 井奥陶系烃类抽提物生物标志化合物参数中具高的 ETR 和低的 $Gam/\alpha\beta C_{30}H$，其值均小于 0.15，因此属于典型的 E_2s_3 烃源岩贡献范畴。西南部 BZ19-6 井区其他井生物标志化合物参数值反映其原油几乎主要来源于沙河街组，同时有部分 E_3d_3 烃源岩的贡献。相比之下，BZ19-6-15 井中原油来自 E_3d_3 烃源岩的比例较大，与 CFD18-2-N-1 井的主力烃源岩一脉相承。结合烃源岩展布特征、演化历史综合分析，渤中凹陷西南部深层潜山原油生物标志化合物显示从靠近西南洼、南洼和主洼优质烃源岩到潜山钻井发生了系统规律性变化。如反映陆源有机物输入的参数包括 $C_{19}/C_{23}TT$、C_{20}/C_{23} TT 和 $C_{24}Tet/C_{26}TT$ 逐渐降低，而反映还原或高盐度环境参数包括 $C_{35}/C_{34}SH$、ETR、和 $Gam/\alpha\beta C_{30}H$ 有着增大的趋势（图 5-3）。

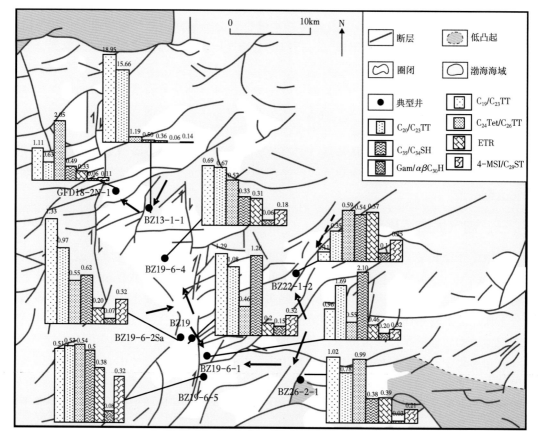

图 5-3　渤中凹陷西南部深层潜山原油主要生物标志化合物参数平面分布特征

4-MSI/ΣC_{29}ST 是反映来自渤海底藻有机质贡献的灵敏参数。同时，在渤中凹陷中，E_2s_3 烃源岩有较低的 Gam/$\alpha\beta C_{30}$H 值小于 0.15，E_2s_1 烃源岩有较低的 4-MSI/ΣC_{29}ST，其值小于 0.25。图 5-4 显示渤中凹陷深层 E_3s_{1+2} 段原油 4-MSI/ΣC_{29}ST 值为零，Gam/$\alpha\beta C_{30}$H 值均在 0.15 以上，可大致排除 E_2s_3 烃源岩供烃，主要是 E_3s_{1+2} 段烃源岩的贡献，局部可能有 E_3d_3 烃源岩的贡献。结合烃源岩发育层位、展布规模和热演化特征，北洼深层原油由 QHD35-2-3 井向 QHD36-3-3 井和 QHD36-3-3 井向 QHD30-1-1 井方向上有两个优势运聚指向，包括 C_{19}/C_{23}TT、C_{20}/C_{23}TT 和 C_{24}Tet/C_{26}TT 逐渐降低，而 C_{35}/C_{34}SH、ETR、和 Gam/$\alpha\beta C_{30}$H 有着显微趋势，但不显著。

二、原油含氮化合物

渤中凹陷深层原油中咔唑类化合物以二甲基咔唑系列为主，占 36.5%～50.9%；甲基咔唑和三甲基咔唑类化合物值分别分布在 15.7%～33.8% 和 8.4%～25.3%。二甲基咔唑系列中屏蔽型异构体、PSNs 和 Ens 的相对含量分别是 5.8%～8.3%，44.1%～53.9% 和 37.8%～50.1%。上述值反映了渤中凹陷西南洼和北洼间原油咔唑类化合物组成具一定的相似性，与油源对比一致性相吻合。

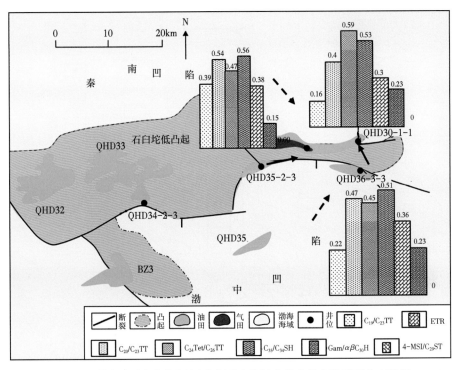

图5-4 渤中凹陷北部深层原油主要生物标志化合物参数平面分布特征

图5-5显示渤中凹陷西南洼深层原油样品中咔唑类化合物绝对丰度在BZ19-6-4井和BZ19-6-1井较高，由东北向西南以及东南向西北方向有着减小的趋势；原油中咔唑类PSNs/Ens，1-/4-甲基咔唑，1、8-/2、4-二甲基咔唑和苯并［a］/［c］值在BZ19-6-4井和BZ19-6-1井比较低，由东北向西南和东南向西北呈现增大的趋势。上述含氮化合物参数值均反映了渤中凹陷西南部BZ19-6井区深层原油明显存在两个优势运聚指向，即第一个是由北东向南西发生深层原油运聚，结合烃源岩发育特征和输导体系展布，推测为来自渤中凹陷主洼烃源岩供烃的可能性较大。第二个优势运聚指向为东南向西北方向运聚，该方向是由凹陷南洼优质烃源岩生成烃类的贡献。

图5-6表明渤中凹陷北部深层原油中咔唑类化合物绝对丰度在QHD35-2-3井最高，BZ13井次之，QHD36-3-3井最低；同时，原油中咔唑类PSNs/Ens，1-/4-甲基咔唑，1、8-/2、4-二甲基咔唑和苯并［a］/［c］值在QHD36-3-3井相差无几。仅基于咔唑类化合物绝对丰度显示渤中凹陷北部深层原油的优势运聚指向由西南向东北，其他咔唑类数据变化甚微，推测该地区可能有秦南凹陷优质烃源岩的部分贡献，使得QHD36-3-3井和BZ13井参数近乎一致。

三、油包裹体定量荧光参数

本参数依托西北大学地质学系油气成藏实验室中荧光光谱分析仪器完成（图5-7a红色虚线图框内），激发光源为新安装的汞灯，视作为稳定光源。利用带通滤波器产生365nm单色光。单色紫外光（UV）直接照射到样品上，发射的光从显微镜发射到光谱仪

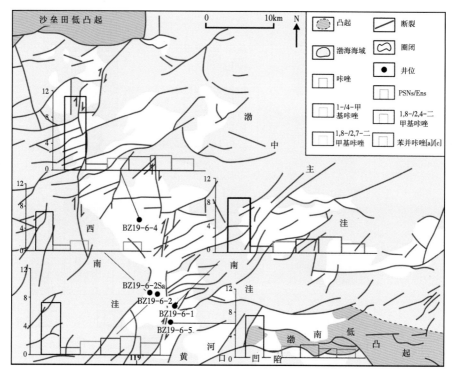

图 5-5　渤中凹陷西南部深层原油中咔唑类化合物异构体比值分布

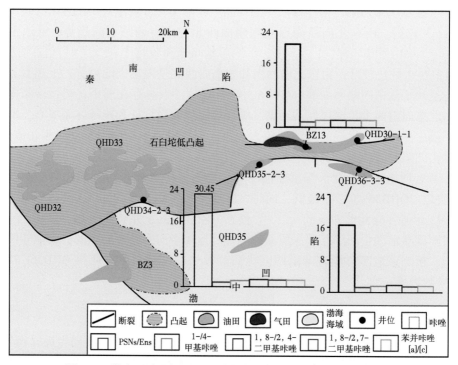

图 5-6　渤中凹陷北部深层原油中咔唑类化合物异构体比值分布

和检测器系统中。测试过程中考虑了光学元器件和外界光源的干扰并进行了环境校正。原油样品均来自渤中凹陷西南部深层储层（图5-7b）。

图5-7 HORIBA PTI QM-40荧光光谱仪（a）与渤中凹陷原油样品颜色特征（b）

选取西南部深层原油样品统计得到了适用于渤中凹陷$Q_{(650/500)}$与胶质+沥青质的相关关系方程（图5-8）。利用上述关系式分别计算了油包裹体在λ_{max}和$Q_{(650/500)}$测量值上的相对密度和胶质+沥青质含量。

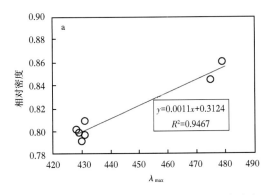
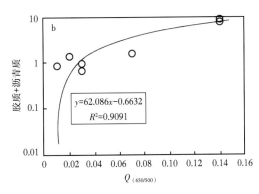

图5-8 西南洼深层原油λ_{max}与相对密度交会（a）和其$Q_{(650/500)}$与胶质+沥青质交会（b）

图5-9显示渤中凹陷西南部深层潜山蓝白色荧光油包裹体定量荧光参数平面展布特征，发现由BZ21-2-1和BZ26-2-1井向BZ19-6-3和BZ19-6-10井方向上，λ_{max}减小，表明小分子成分含量增加，大分子芳香化合物浓度降低，相对密度的减小和胶质+沥青质

浓度的降低均表明深层潜山原油其中的一个优势运聚路径为来自南洼和主洼优质烃源岩分别向其供烃，沿着 NE—SW 向发生优势运移。在由 BZ19-6-7 和 CFD18-2N-1 井向 BZ19-6-10 和 CFD18-1-1 方向上也有着相似的明显变化趋势，推测在 NE—SW 向上也有部分西南洼富烃深层凹优质源岩的贡献（图 5-9）。

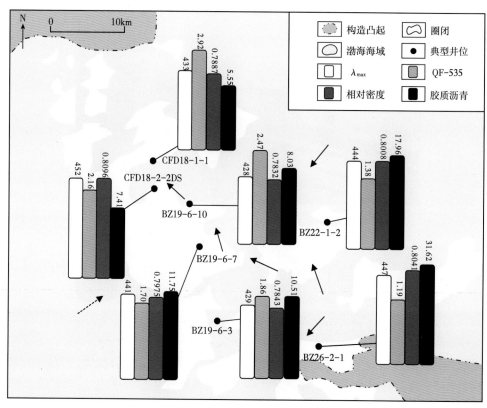

图 5-9　渤中凹陷深层原油包裹体定量荧光参数平面展布

第三节　油气充注时间

一、流体包裹体特征

1. 流体包裹体岩相学特征

渤中凹陷深层包裹体划分为烃类包裹体和盐水包裹体。烃类包裹体包括液态烃包裹体、气态烃包裹体和含气态烃盐水包裹体。盐水包裹体在透射光下呈无色，UV 激发下不发荧光，液态烃包裹体个体较大，在 UV 激发下呈现黄色、黄绿色、蓝色、蓝白色、白色荧光（图 5-10，图 5-11）。气态烃包裹体在透射光下呈灰色—黑色，不发荧光。

图 5-10 和图 5-11 显示东营组、沙河街组、孔店组至太古宇，流体包裹体类型一致，均发育有烃类和盐水包裹体，然而在太古宇气态烃包裹体更为丰富，显示有天然气强充注历史过程。

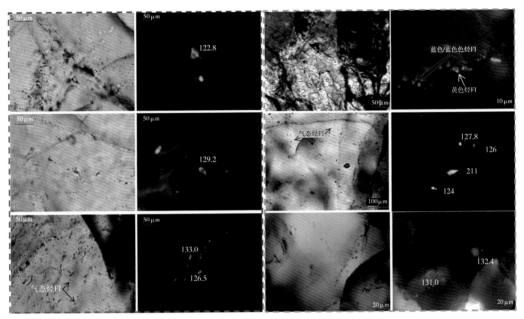

图 5-10　BZ19-6 井区深层储层中不同类型烃包裹体与其荧光特征（左图为 Ek；右图为 Ar）

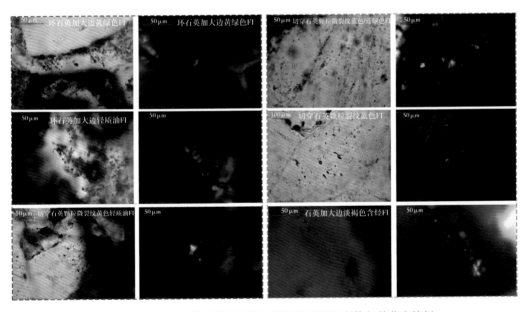

图 5-11　BZ19-6 井区深层储层中不同类型烃包裹体与其荧光特征

（左图为 Es；右图为 E_3d）

2. 流体包裹体均一温度

与烃类包裹体伴生的盐水包裹体均一温度可代表成矿流体被捕获时的最低温度。东营组和沙河街组石英颗粒微裂纹中流体包裹体均一温度分布在两个区间（图 5-12a、b），分别是 110~130℃ 和 140~170℃，主温度区间位于 105~125℃ 和 145~165℃，沙河街组石英

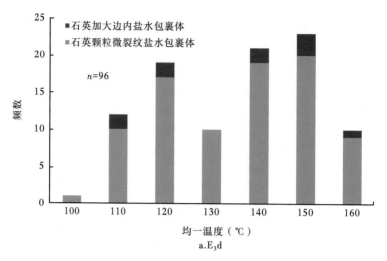

a.E_3d

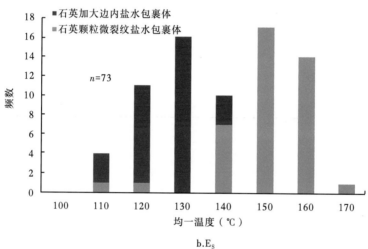

b.E_s

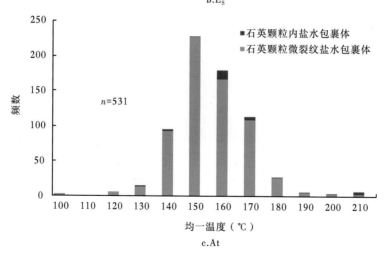

c.At

图 5-12　BZ19-6 井区深层储层中不同层位流体包裹体均一温度

加大边内流体包裹体均一温度主峰区间位于 110~130℃（图 5-12b），与石英颗粒微裂纹中第一期包裹体均一温度主峰温度区间相近，应属于同一期流体活动。

图 5-12 显示渤中凹陷 BZ19-6 井区东营组和沙河街组至少存在两期流体活动，第一期流体活动主峰温度在 105~125℃，这期流体同时形成了大量的石英加大边，流体活动规模较小；第二期流体活动的主峰温度在 145~165℃，活动规模较大。而太古宇至少存在一期流体活动，主峰温度区间分布在 140~170℃。虽然层位和岩性上存在较大差异，但仍能清晰地看出太古宇的一期流体活动与东营组和沙河街组第二期流体在均一温度方面存在较好的相似性。

3. 流体包裹体盐度与成岩环境

东营组石英颗粒微裂纹内包裹体捕获的流体盐度为 1.2%~23.5%；第一期流体盐度为 1.2%~8.6%，第二期流体盐度为 10.35~19.5%，流体盐度总体逐渐增高（图 5-13a）。沙河街组石英颗粒微裂纹内包裹体捕获的流体盐度为 1.3%~18.6%；第一期流体盐度为 1.3%~6.8%，第二期流体盐度为 8.7%~16.4%，流体盐度有逐渐增大的趋势（图 5-13b）。相比之下，太古宇捕获的流体盐度总体偏高，流体盐度主要介于 9.5%~18.3%（图 5-13c）。对比发现，太古宇的流体盐度与东营组和沙河街组第二期流体盐度大小较为相似，可能反映其对应关系。

东营组、沙河街组和太古—元古宇石英颗粒微裂纹冰点温度整体上随着均一温度的增大而减小，意味着处于较深埋藏环境（图 5-14）。渤中凹陷西南洼和主洼烃源岩的主要生烃期为 30—0Ma，而南洼烃源岩主要生烃期为 28—0Ma。渤中凹陷地层埋藏史、烃源岩热演化史和油气充注时间综合分析西南部深层天然气早期主要来源于南洼沙河街组烃源岩的贡献，随着主洼烃源岩热演化程度的增加，对晚期天然气运聚成藏有着较大的供烃能力。

二、油气充注时间分析

利用包裹体捕获温度，结合地温梯度计算古埋深，利用古埋藏深度与单井埋藏史耦合分析油气充注时间。

1. 地温梯度

鉴于渤中凹陷深层储层在不同时期均不同程度地经历了的深部流体的热异常事件，选取典型钻井中油气层实测地温梯度值作为各个井区的最大地温梯度值，以便探究各井区深层油气成藏时间差异性。

2. 古埋深

古埋深是指流体包裹体被捕获时相对于某一基准面的埋藏深度。多期次构造运动升降和地层剥蚀使得现今埋深不能完全代表流体包裹体被捕获时的埋深。利用流体包裹体所在地层的地温梯度和流体包裹体的捕获温度来求取古埋深。

3. 充注时间

利用与烃类包裹体伴生的盐水包裹体捕获温度作为深层油气的充注温度。鉴于深层太古宇地层埋藏史难以恢复，本文主要探讨了深层 E_3d_1 段以深储层内的油气成藏时间。单井埋藏史的恢复参数主要参考了三维模型的相关参数。

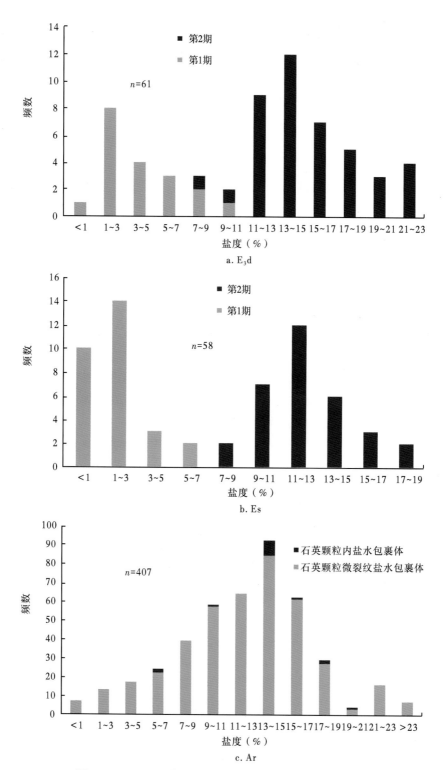

图 5-13 BZ19-6 井区深层储层中不同层位流体盐度分布

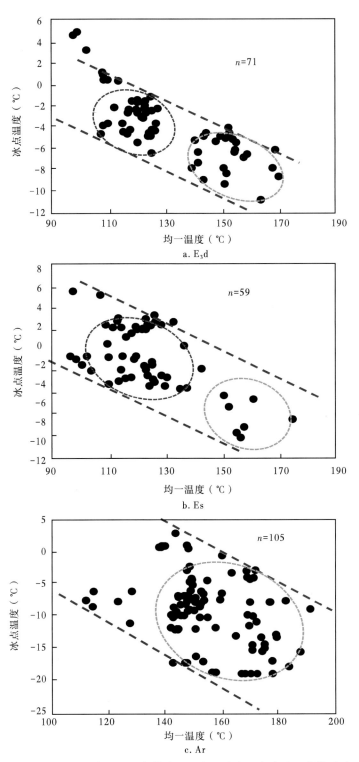

图 5-14 渤中凹陷深层包裹体均一温度—冰点温度关系及流体活动

典型单井埋藏史和热演化史模拟结果显示，渤中凹陷西南洼经历了早期原油运聚充注，于距今9.5Ma（图5-15b）、8.5Ma（图5-15c）和5.3Ma（图5-15a）、先后开始发生原油运聚。渤中19-6构造深层天然气投影显示渤中凹陷深层天然气运聚发生在距今5.3Ma至今（图5-15a），油气源对比显示和天然气性质表明，西南洼深层天然气主要是来自沙河街组优质烃源岩的贡献。北洼深层原油发生充注期是距今8.5Ma至今（图5-15d），与西南洼成藏期相比，两者之间的运聚时间有重叠部分。

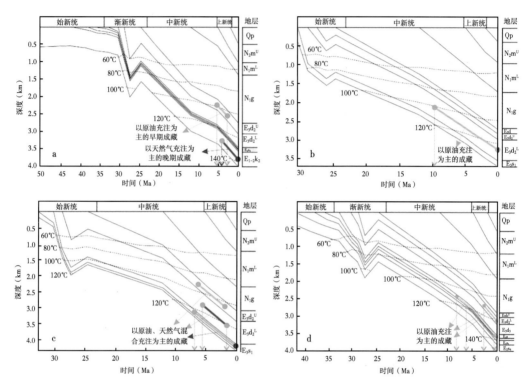

图5-15　渤中凹陷各次洼典型井充注时间综合示意图

a、b、c—西南洼BZ19-6-1、BZ19-6-2和CFD18-2-1井埋藏史与其油气运聚成藏
时间投影；d—北洼QHD36-3-2井埋藏史与其油气运聚成藏时间投影

第四节　油气成藏过程

一、物理模拟

充注实验过程所获取的微观规律需经过相似性分析后方可得到地层实际中的油气运聚情况，因此，本文先期分别从实验材料、压力加载和油气充注次序等方面的相似性分析后总结其运聚成藏过程。

1. 实验材料的相似性

本次实验选取渤中凹陷深层潜山不同结构和岩性的岩心制作模型。同时，考虑到深层潜山岩性展布特征、孔隙类型差异以及输导条件的不同选取了 10 块岩心样品进行流体驱替充注模拟实验。将完成洗油前处理的 10 块样品进行饱和水和油驱替。因此，实验材料基本完全满足了地层条件下的相似性要求。为了更清晰地观察，模拟地层水中加入少量甲基蓝呈蓝色，模拟油中加入少了油溶红，呈红色，上述染色剂均对模型中的孔隙度、渗透率无影响。

2. 压力加载的相似性

实验室中的压力的加载相较于漫长的地质时期是瞬时加载的，但地质历史过程中压力孕育演化史基本由不饱和过度至饱和，直至达到岩石的破裂压力极限，压力释放后又重新开始上一过程。因此，本文在压力加载的过程中遵循先小，逐步加载压力，直至油气发生运移时研究其充注过程。进一步观察在充注过程中油、气、水三相的动态变化成为该实验的主要目的。因此，基于压力孕育史规律与本实验压力加载进行了相似性分析与操作。

3. 油气充注的相似性

岩心未被油气充注前是饱和地层水的，随后历经早期原油的充注和晚期油气规模运聚的成藏过程。因此，本实验先期将岩心样品进行为期一周的洗油前处理，随后用配比后的地层水充分饱和岩心样品，历时约一周。上述油气充注次序基本满足了渤中凹陷深层油气多期幕式成藏的单幕次充注过程，符合油气充注相似性操作原理。

图 5-16 显示油气沿着裂缝和高渗透率岩层发生了优势充注（图 5-16a），持续的油气充注表明晚期油气多数沿着早期原油运移的路径上发生充注过程（图 5-16b、c），这一现

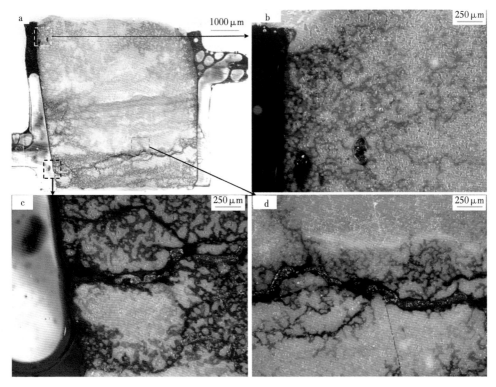

图 5-16 渤中凹陷深层变质花岗岩样品中进行流体驱替与充注模拟特征

象诠释了寻找优势充注路径对发现油气藏（田）的重要性。同时，这一现象产生的原因可能是早期原油的充注将水润湿的岩石逐渐转变为亲油或中性润湿的岩石，现象由先前的水膜裹覆其岩石颗粒转变为原油吸附在岩石颗粒周围（图5-16c），抑或是在裂缝中见到的油包裹水的现象使得润湿性发生彻底性的改变（图5-16d）。反之亦然，早期原油发生部分充注，可能局部改变了其润湿性质，使得油气不能发生长距离的充注（图5-16b）。总之，输导体中由先前的水润湿变为亲油或中性润湿，降低了输导体中的阻力，对原油的流体动力的要求随之下降，能较轻松地发生长距离运聚过程。

深层砂砾岩样品充注模拟实验发现油气沿着颗粒间的剩余粒间孔和溶蚀孔发生规模充注（图5-17）。油气在砂砾岩中以环绕颗粒的粒间孔运移为主（图5-17b、c），然而颗粒周缘被水膜覆盖，则油气在短时间内不能沿其发生充注（图5-17c、d），进一步夯实了岩心中矿物润湿性的改变是决定油气优势运聚路径的重要条件的观点。进一步发现砂砾岩中矿物颗粒粒径是影响油气发生充注的因素之一，分析其原因是一方面大颗粒更易与油气接触，另一方面是较大颗粒间保存有较多的剩余粒间孔隙和原生孔隙。

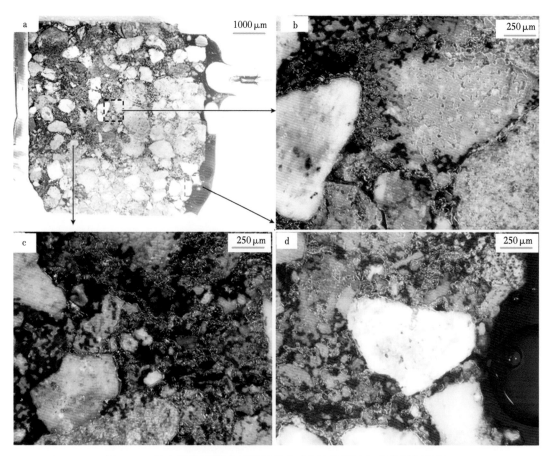

图5-17　渤中凹陷深层砂砾岩样品中进行流体驱替与充注模拟特征

物理模拟实验表明油气充注过程与流体动力、输导体系类型、运移路径的润湿性的变化及其岩石矿物组成等均有关系，运移路径表现为较强的非均一性和复杂性。早期的运移路径是晚期油气充注的优势运移路径，为预测优势输导体系和运聚指向提供了明确的指向。

二、数值模拟

通过多证据链条证实了深层油气富烃源岩类型、层位以及来源。渤中 19-6 构造深层油气是来自主洼、南洼和西南洼富烃源岩生排烃后，经较长距离运移成藏（图 5-18）。图 5-18 显示有主洼和南洼优质烃源岩生、排的原油（绿色线表示）和天然气（红色线表示）沿着高渗透率岩体和断层，向剩余压力减小的方向发生长距离规模运聚成藏。BZ21/22 井区距烃源岩较近，其深层储层一方面见有南洼和主洼高成熟烃源岩贡献，另一方面在长距离运聚过程中由于地层的吸附效应，大分子烃类滞留在输导体系中，综合产生的运聚效应是 BZ21/22 井区多数为天然气运聚成藏或含气构造（图 5-19）。BZ19-6 井区上覆发育巨厚的泥岩盖层，使得该区域局部发育多个含油气系统。以上分析结果均与深层探评井 BZ21-2-1 井、BZ19-6-1 井和 BZ13-2-1 井钻遇层位和油气综合测试结果一致。

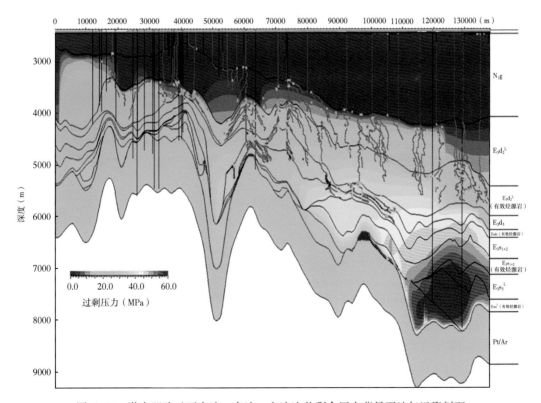

图 5-18 渤中凹陷过西南洼—南洼—主洼连井剩余压力背景下油气运聚剖面

图 5-19 显示来自南洼和主洼深层源岩生排的油气，在剩余压力的驱动下，沿着活化的断层—北东向裂缝—高渗透率岩体—不整合面向着剩余压力减小的北东—南西向发生优势运聚成藏（图 5-19）。BZ21/22 井区中的 BZ22-1-2 井位于南洼和主洼间的优势运移路径上，且深层奥陶系储层日产天然气 $40.2×10^4m^3$，成功揭示了富烃主洼烃源岩规模生烃能力和深层天然气优势运聚效率。BZ26 井区中 BZ26-2-1 井主要由南洼生油供烃为主，见有天然气沿着断层发生运移，且在地表发生溢散，无良好的盖层得以聚集成藏。使得 BZ26 井区深层形成了以原油运聚成藏为主，天然气聚集为辅的油气藏类型。

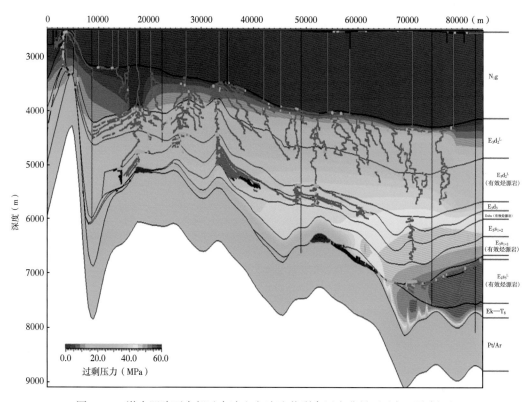

图 5-19　渤中凹陷西南部过南洼和主洼连井剩余压力背景下油气运聚剖面

BZ19-6 井区以北 CFD18-1/2 井区尚未经历天然气规模充注，仅显示有原油发生运聚，模拟结果与实际钻探情况一致。这一差异运聚成藏的原因主要归结为 CFD18-1/2 井区的主要供烃区为西南洼，而西南洼在距今 9.5Ma 以来主要以生油为主，生气为辅，使得 CFD18-1/2 井区主要以原油运聚成藏为主，天然气主要为原油伴生气零星聚集。CFD18-2N-1 井区目前钻遇油气藏类型全部为油藏，其主要供烃区为富烃主洼在生、排烃后长距离运聚成藏，鉴于该地区封闭层封盖能力弱，造成运聚于此的天然气大量溢散（图 5-20）。BZ21/22 井区位于主洼生、排烃后的优势运移路径上，同时得益于上覆泥岩盖层较好的封盖能力，使得晚期运聚的天然气得以聚集，与 BZ22-1-2 井相比，后者的供烃区仅为主洼，难以规模成藏，勘探揭示仅为含气构造。

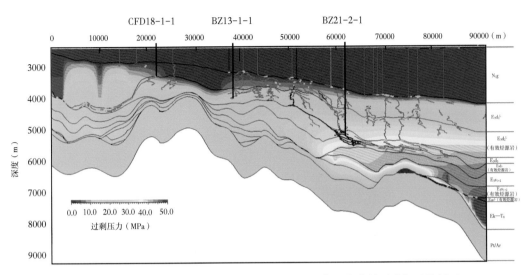

图 5-20 渤中凹陷西南部过西南洼和主洼连井剩余压力背景下油气运聚剖面

第六章　渤中凹陷油气差异富集主控因素

成藏机理反映了油气随时间、空间演化的作用过程，是优选勘探目标的理论基础。基于充注时间和运移方向，探究输导体系与流体动力联合控制下的运聚成藏过程。多地球化学参数和烃源岩地球化学指标示踪油气优势运移指向。通过流体包裹体类型和荧光特征揭示深层油气充注历史。借助流体驱替物理模拟实验和油气运聚数值模拟探究油气成藏过程，总结、建立油气运聚成藏模式。在富集规律总结的基础上，开展有利区预测与优选。

第一节　影响差异富集的主控因素

一、生烃强度

通过模拟，对各烃源岩层段的生烃强度进行了计算。结果显示，渤中凹陷中部及东北部为主要的生烃中心，不同烃源岩层段生烃中心位置和生烃强度差别较大：

东二下亚段烃源岩只有一个生烃中心，生烃范围有限，位于凹陷主洼中心部位，生烃强度最低，生烃中心强度只有 $0.5×10^6 t/km^2$，与东二下亚段烃源岩成熟度低有关（图6-1）。

东三段烃源岩除主洼区两个生烃中心外，西洼和西南洼也有较小规模的生烃中心，主洼生烃中心生烃强度最高可达 $0.8×10^6 t/km^2$，西南洼生烃强度最高可达 $0.6×10^6 t/km^2$（图6-1）。

沙一段+沙二段烃源岩生烃中心集中分布在主洼中心部位，生烃范围和生烃强度都明显优于东营组，生烃范围呈 NE—SW 向，生烃强度高达 $3.2×10^6 t/km^2$（图6-1）。

沙三段烃源岩生烃范围分布于主洼、西洼和北洼，呈多个生烃中心，主洼生烃强度最高可达 $6×10^6 t/km^2$，西洼生烃强度也高达 $2×10^6 t/km^2$（图6-1）。

二、流体动力

空间上，流体势场决定了各层系油气的运移方向和油气的有利聚集区。油气总是沿垂直等势面的方向由高势区向低势区运移。通过研究不同地质历史时期油、气势以及相应势梯度的分布特征，分析流体动力演化对成藏的影响。

1. 不同地质历史时期油、气势分布特征

图6-2是渤中凹陷东二下亚段距今9.5Ma、5.3Ma以及现今油、气势的平面分布图。其中，在距今9.5Ma渤中凹陷油、气高势区主要位于主洼中心部位（油势大于3600m，气势大于18000m），凸起构造均为相对低势区（图6-2a、d）。油气运移方向主要由高势区指向低势区，即主洼至四周构造凸起部位。在距今5.3Ma，主洼油、气高势区范围有所扩大，

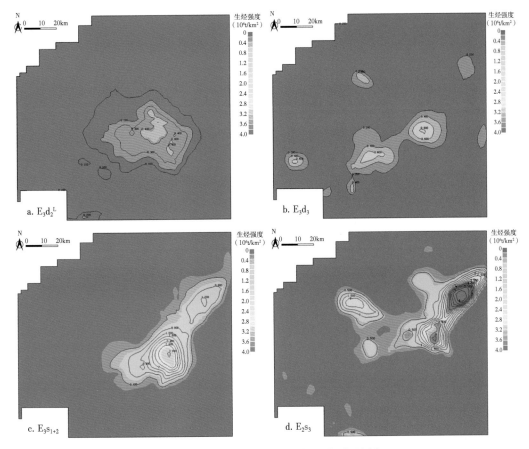

图 6-1 渤中凹陷各烃源岩生烃强度平面展布

油、气势均有所增强（油势大于 6600m；气势大于 22000m）（图 6-2b、e）。现今，主洼相对高势区分布范围略有降低，但数值上油势持续增大，气势则相对降低（图 6-2c、f）。

渤中凹陷东三段不同地质历史时期油、气势分布特征见图 6-3。在距今 9.5Ma，渤中凹陷油、气高势区（油势大于 4900m，气势大于 16000m）集中在主洼内，呈 NE—SW 向条带状分布，各凸起构造则均为油、气相对低势区（图 6-3a、d）。在距今 5.3Ma，主洼油、气高势区范围进一步扩大，其中油势增加幅度较大，高势区油势 8200～19000m，气势大于 17000m（图 6-3b、e）。现今，主洼高势区范围持续扩大，油、气势同样持续增大（油势大于 23000m，气势大于 22000m）（图 6-3c、f）。

沙一段+沙二段不同地质历史时期油、气势分布特征见图 6-4。距今 9.5Ma 时，渤中凹陷油、气高势区（油势大于 11200m，气势大于 18000m）位于蓬莱 7-1 构造以西、渤中 21/22 构造以北的主洼，各凸起构造为油气相对低势区（图 6-4a、d）。自 5.3Ma（图 6-4b、e）至现今（图 6-4c、f），主洼高势区范围持续性扩大，油、气势进一步增大。

沙三段在距今 9.5Ma、5.3Ma 以及现今油、气势分布与演化见图 6-5。渤中凹陷自 24.6Ma 以来就处于裂后期沉降期，烃源岩持续熟化生烃。距今 9.5Ma 时，渤中主洼为主要油、气高势区，油势大于 13550m，气势大于 18000m；北洼油、气高势区呈条带状分

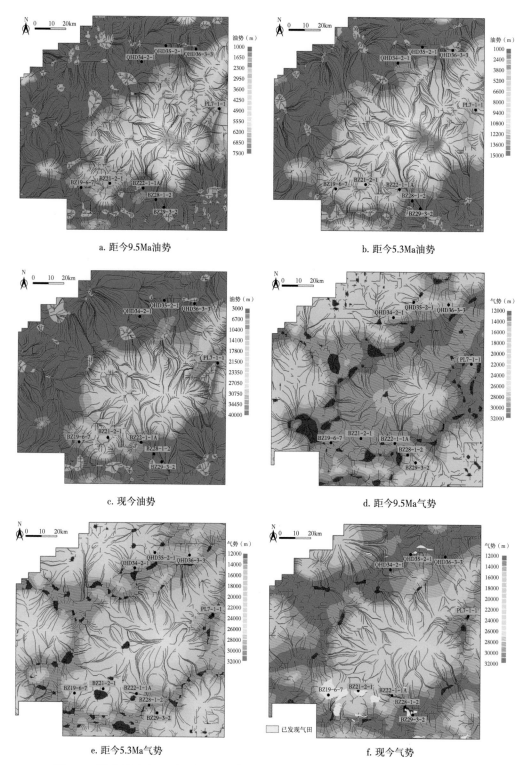

图 6-2　渤中凹陷东二下亚段（$E_3d_2{}^1$）在不同地质时期的流体势、流线与汇聚区

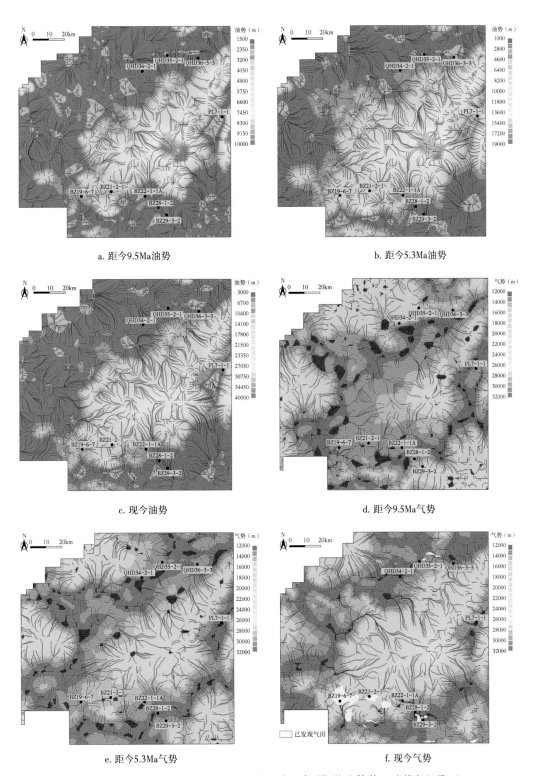

a. 距今9.5Ma油势

b. 距今5.3Ma油势

c. 现今油势

d. 距今9.5Ma气势

e. 距今5.3Ma气势

f. 现今气势

图6-3　渤中凹陷东三段（E_3d_3）在不同地质时期的流体势、流线与汇聚区

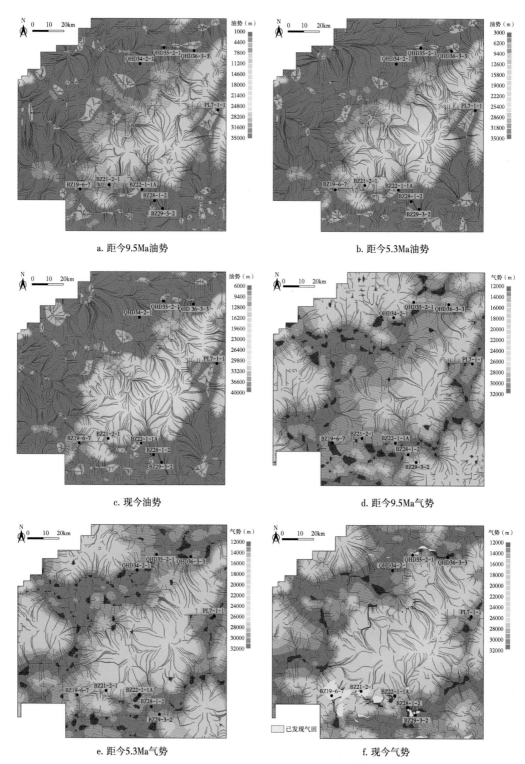

图 6-4　渤中凹陷沙一段+沙二段（E_3s_{1+2}）在不同地质时期的流体势、流线与汇聚区

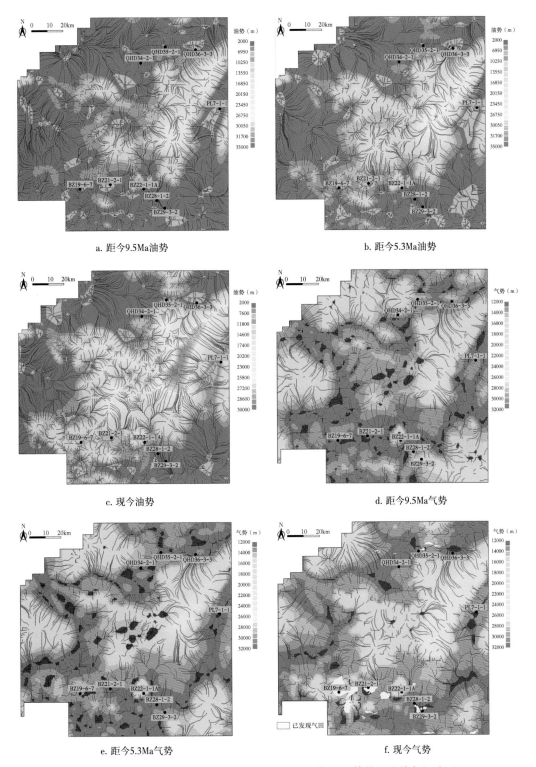

a. 距今9.5Ma油势　　　　　　　　　　b. 距今5.3Ma油势

c. 现今油势　　　　　　　　　　d. 距今9.5Ma气势

e. 距今5.3Ma气势　　　　　　　　　　f. 现今气势

图6-5　渤中凹陷沙三段（E_2s_3）在不同地质时期的流体势、流线与汇聚区

布，油势大于 10250m，气势大于 14000m；西洼及西南洼油、气高势区，油势大于 11800m，气势大于 15000m。各凸起构造则均为相对低势区（图 6-5a、d）。自 5.3Ma（图 6-5b、e）至今（图 6-5c、f），主洼与北洼油、气高势区范围持续性扩大，油、气势也同样增大。

2. 不同地质历史时期油、气势梯度分布特征与有利汇聚区

势梯度可以更好地反映流体势的变化特征，势梯度越大越有利于流体的运移，反之，势梯度越小越有利于流体的聚集。通过公式计算，在勾勒出油、气势展布的基础上，计算出各演化时期的油势梯度，并基于流线刻画不同油、气汇聚区。

东二下亚段不同地质历史时期油、气势梯度分布见图 6-6。距今 9.5Ma，渤中凹陷西南部、南部油、气势梯度均较小，其值普遍小于 50m/km，主洼油、气势梯度最大，普遍在 140~190m/km（图 6-6a、d）。自 5.3Ma 油、气势梯度整体增大（图 6-6b、e）至现今。从现今油、气势梯度分布来看，位于渤中西南部渤中 19-6 构造以及南部渤中 21/22 与渤中 28/29 构造，局部分布着范围各不相同的油、气势梯度相对低值区，这些势梯度低值区有利于油气聚集，形成汇聚区（图 6-6c、f）。

图 6-7 为渤中凹陷东三段不同地质历史时期油、气势梯度平面分布图。距今 9.5Ma，凹陷整体油势梯度偏低，而气势梯度在凹陷周缘低凸起表现为明显高值，主洼、北洼、南洼、西南洼则表现为低值（图 6-7a、d）。至 5.3Ma 油、气势梯度整体达到高值，但在凹陷北部秦皇岛 36 构造，以及主洼以东蓬莱 7-1 构造，油、气势梯度局部表现为低值，形成油气有利汇聚区（图 6-7b、e）。现今油势梯度在凹陷北部、南部、西南部逐渐降低，有利于油气形成聚集（图 6-7c）；而气势梯度现今与 5.3Ma 相比，变化幅度相对较小(图 6-7f)。

渤中凹陷沙一段+沙二段不同地质历史时期油、气势梯度分布见图 6-8。在距今 9.5Ma，油势梯度普遍较低（图 6-8a）；这一时期气势梯度主要在凹陷周缘凸起构造表现为高值区，低值区主要分布在凹陷北部、南部以及西南部（图 6-8d）。距今 5.3Ma，主洼油势梯度增大了 50%~80%，南洼和西南洼油势梯度增幅较小，仅为 20%~50%（图 6-8b）；同时期气势梯度发生整体增大，但在凹陷南部渤中 21/22 构造气势梯度有所降低，零星分布着几个有利汇聚区（图 6-8e）。现今油、气势梯度变化趋势较小（图 6-8c、f）。

图 6-9 为渤中凹陷沙三段不同地质历史时期油、气势梯度平面分布图。距今 9.5Ma，该段油势梯度要比同时期东营组油势梯度大近 100m/km，更有利于油气发生大规模运移（图 6-9a）。距今 5.3Ma，油势梯度整体变化幅度较小，油势梯度低值区主要分布在凹陷北部 QHD34/35 构造，可形成油气有利汇聚区（图 6-9b、c）。自距今 9.5Ma 至今，气势梯度逐渐增大，高值区主要分布在主洼和北洼边缘，以及低凸起周缘，有利于油气从凹陷中心向周缘大规模运移；低值区则主要分布在凹陷南部渤中 21/22、渤中 28/29 构造，以及西南部渤中 19-6 构造，流体动力在该地区减弱，有利于形成油气汇聚（图 6-9d、e、f）。

3. 重点含油气构造流体动力演化

选取重点含油气构造渤中 19-6、渤中 21/22、秦皇岛 34/35、秦皇岛 36、蓬莱 7-1，解剖典型含油气构造流体动力演化特征。根据沙三段生烃强度（图 6-1）指示，确定生烃中心。分别计算不同地质时期各含油气构造典型井与生烃中心之间剩余压力梯度、油势梯

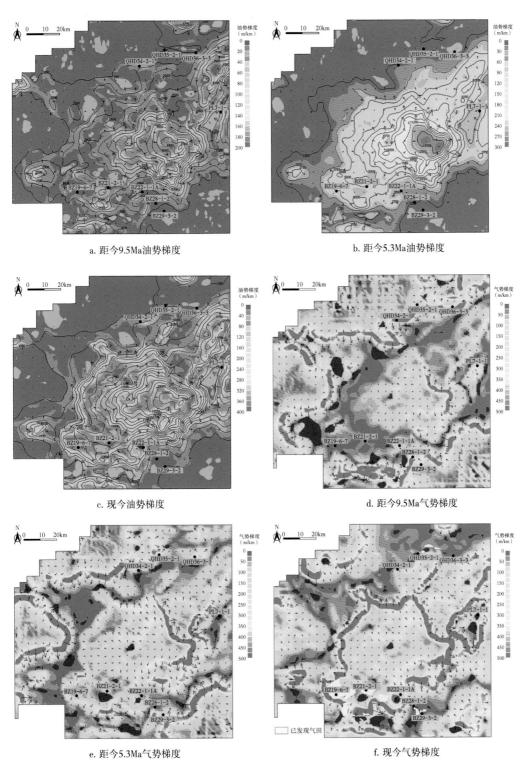

a. 距今9.5Ma油势梯度

b. 距今5.3Ma油势梯度

c. 现今油势梯度

d. 距今9.5Ma气势梯度

e. 距今5.3Ma气势梯度

f. 现今气势梯度

图 6-6　渤中凹陷东二段下（$E_3d_2^L$）在不同地质时期的流体势梯度与汇聚区

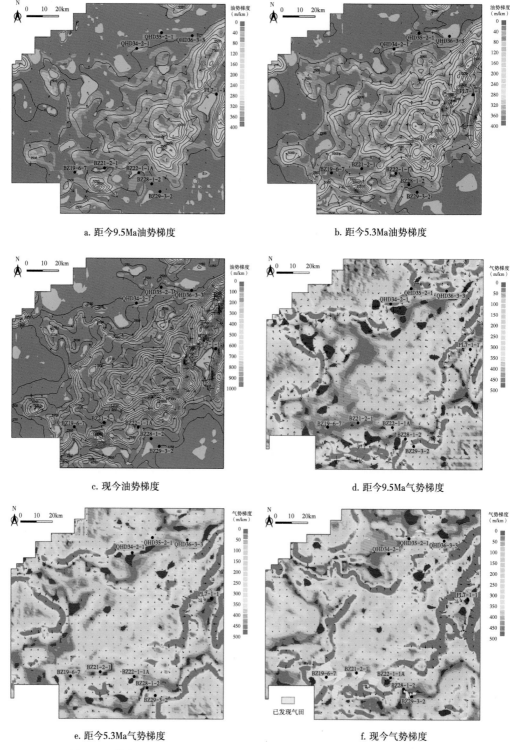

a. 距今9.5Ma油势梯度　　　　　　　　　　b. 距今5.3Ma油势梯度

c. 现今油势梯度　　　　　　　　　　d. 距今9.5Ma气势梯度

e. 距今5.3Ma气势梯度　　　　　　　　　　f. 现今气势梯度

图6-7　渤中凹陷东三段（E₃d₃）在不同地质时期的流体势梯度与汇聚区

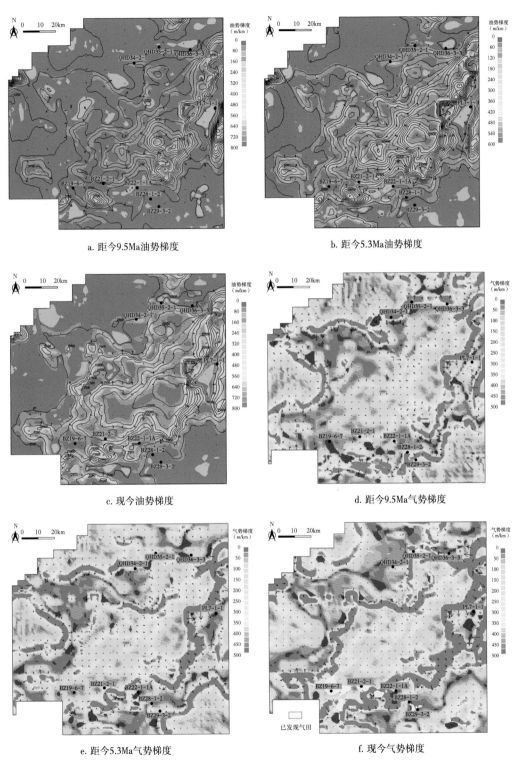

a. 距今9.5Ma油势梯度

b. 距今5.3Ma油势梯度

c. 现今油势梯度

d. 距今9.5Ma气势梯度

e. 距今5.3Ma气势梯度

f. 现今气势梯度

图6-8 渤中凹陷沙一段+沙二段（E_3s_{1+2}）在不同地质时期的流体势梯度与汇聚区

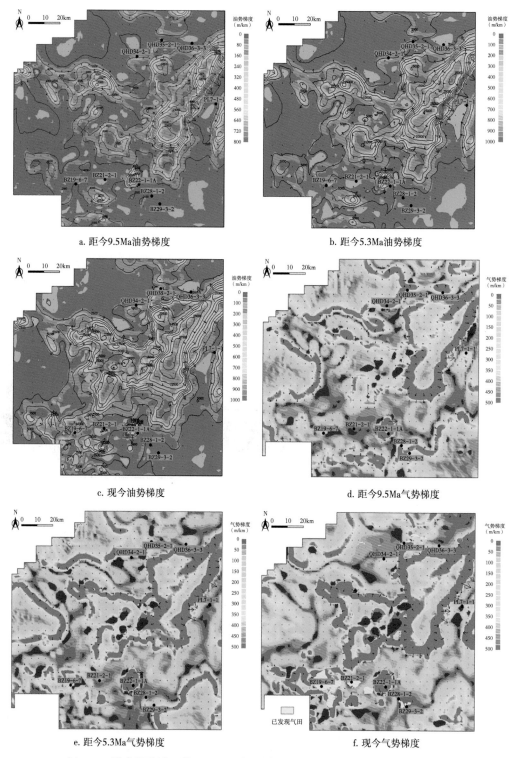

图 6-9　渤中凹陷沙三段（E_2s_3）在不同地质时期的流体势梯度与汇聚区

度、气势梯度，分析重点含油气构造流体动力演化特征对成藏的影响。

其中，典型井与生烃中心剩余压力梯度，将通过计算典型井位和生烃中心剩余压力在不同时期的差值，与典型井和生烃中心的距离作比值得到（图6-10）。渤中凹陷由于沉积速率大，以沉积型垂向压实产生的超压为主，自距今24.6Ma（东营组沉积末期）以来，由于凹陷中心剩余压力不断增加，凹陷周缘低凸起的各含油气构造，例如渤中19-6、渤中21/22、秦皇岛34/35、秦皇岛36、蓬莱7-1在各时期超压幅度较小或基本无超压形成，因此，上述重点含油气构造的典型井与生烃中心的剩余压力梯度也随之不断增加。从图中不难看出，这种剩余压力梯度差在9.5—5.3Ma期间增长幅度最高，说明该时期剩余压力可以为油气大规模的侧向运移提供强劲的动力，这种快速增长的动力同样成为保障油气持续快速充注的基础。

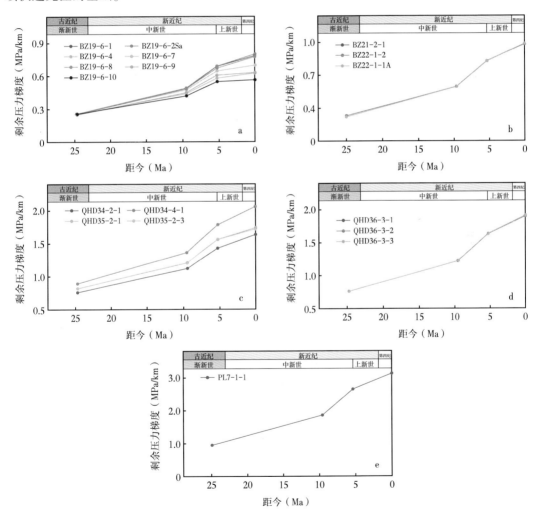

图6-10　渤中凹陷重点含油气构造与生烃中心剩余压力梯度演化特征
a—渤中19-6含油气构造；b—渤中21/22含油气构造；c—秦皇岛34/35含油气构造；
d—秦皇岛36含油气构造；e—蓬莱7含油气构造

典型井与生烃中心油、气势梯度是通过计算典型井位和生烃中心油、气势在不同时期的差值，与典型井和生烃中心的距离作比值得到的（图6-11）。由图可以看出，渤中凹陷南北成藏动力条件存在差异。

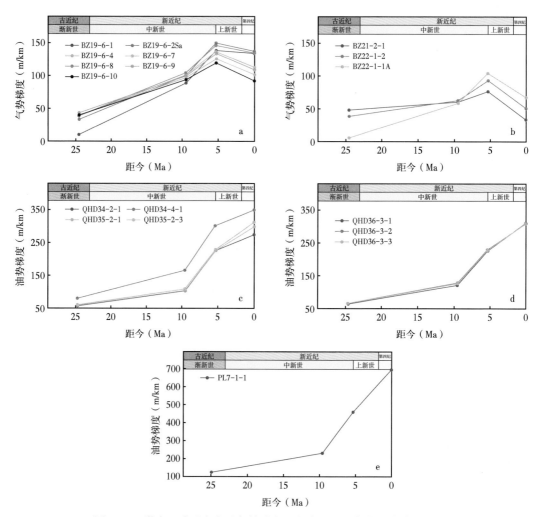

图6-11　渤中凹陷重点含油气构造与生烃中心油、气势梯度演化特征

a—渤中19-6含油气构造；b—渤中21/22含油气构造；c—秦皇岛34/35含油气构造；

d—秦皇岛36含油气构造；e—蓬莱7含油气构造

在凹陷南部，典型的含气构造渤中19-6、渤中21/22，自距今24.6Ma（东营组沉积末期）以来，与生烃中心的气势梯度不断增大，在距今5.3Ma达到峰值，说明在该时期油气侧向运移动力最强，与成藏关键期相匹配，随后气势梯度缓慢降低至现今，较有利于油气形成汇聚。其中，渤中19-6含油气构造与渤中21/22相比，距生烃中心较远，但关键成藏期流体动力更强，说明对于渤中19-6，油气侧向运移动力更大，运移的效率相对更高，成藏更具优势。

在凹陷北部，典型的含油构造秦皇岛34/35、秦皇岛36、蓬莱7-1，自9.5Ma至今，生烃中心的油势梯度不断增大，侧向运移动力不断增强。距今5Ma以来强劲的流体动力使得油气沿不整合面、输导脊大规模侧向运移成为可能，并在晚期断层良好的配置下，短时间快速在浅层富集成藏。

4）混合算法

Darcy（达西）运移算法的优势主要体现在能够较好地对高渗透率岩体进行运移模拟；IP（逾渗）运移算法是PetroMod模拟软件特有的运移算法，该算法不仅考虑了高渗透率岩体和不整合面的输导作用，也考虑了断层对油气运移的高效输导能力；Hybrid（混合）（Darcy+Flowpath）运移算法不仅考虑了高渗透率岩体的输导性能，还兼顾断层和不整合面对油气运聚的影响。因此，本文基于油气成藏实际地质背景，利用Hybrid（混合）运移算法对油气运聚成藏进行模拟反演，以期结合油势展布，综合判识渤中凹陷深层优势运聚区域。

模拟结果认为，BZ19-2井区在原油优势运聚区域的外侧，同样钻井揭示BZ19-2-1井 $E_3d_2^L$ 段不产油；BZ26-2井区为原油优势运聚区域，BZ26-2-1井揭示在东营组层段试产油量为 $47.8m^3/d$；CFD18-1/2井区为原油优势运聚区域，CFD18-1N-1井钻井揭示 $E_3d_2^L$ 段产油量为 $202.6m^3/d$；BZ26-2井区为原油优势运聚区域，PL7-6井区仅为原油优势运移通道，无原油运聚成藏，钻井揭示其 $E_3d_2^L$ 段仅产气 $87m^3$，无工业油流；BZ19-6-7井区以北见小部分原油优势运聚区域，在该处钻井揭示产油量为 $174.82m^3/d$；CFD18-1/2井区正上方见数个块状原油优势运聚区域，钻井揭示有工业油流，其中一口井试油 $4.2t/d$；均显示BZ19-2井区位于优势运聚路径上，钻井揭示有近 $380m^3/d$ 的产能；QHD36-3井区位于优势运聚路径上，且见有运聚区域，QHD36-3井区揭示在 E_3s_{1+2} 层段上有 $341.7m^3/d$ 的工业油流产能；BZ19-6井区在 E_2s_3 层段上有两大优势运聚区域，同样，BZ19-6井区钻井揭示在 E_2s_3 层段上见 $73.24m^3/d$ 的工业油流产能，E_2s_3-Ar 层段中有 $305.16m^3/d$ 的工业油流产能。

三、输导体系

成藏模式是对烃源岩、输导体系和油气成藏过程的高度总结。通过分析各输导体在时空上的配置，以输导体系为基础，结合烃源岩发育位置，总结渤中地区油气成藏模式。

1. 输导体的时间配置关系

渤中地区前古近系经过长期的风化剥蚀与淋滤作用，在新生代初期开始形成不整合输导体，至明化镇组沉积末期油气大规模运移成藏，一直保持着相对良好的输导能力。砂岩在新生界沉积以来，经过埋藏压实等成岩作用，至明化镇组沉积末期，成为良好的输导体。断层活动期次总共有三期，前两期活动在沙三段和东营组沉积期，控制了凹陷和烃源岩的发育，第三期活动在明化镇组末沉积期，与油气大规模运移成藏时期相匹配，是油气运移的重要通道。综合来看，在油气大规模运移成藏的明化镇组沉积期末，砂岩输导体、不整合输导体和断裂输导体在成藏时期匹配良好，均有输导能力，是油气运移成藏的保证（图6-12）。

2. 输导体的空间配置关系

从空间上来看，运移成藏时期，不同地区输导体之间的配合具有差异性，主导运移的

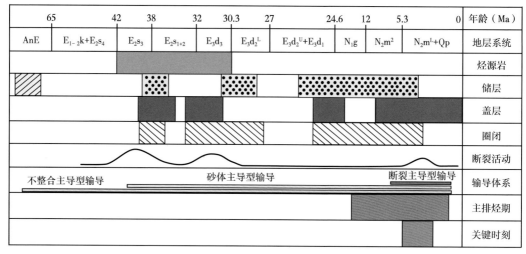

图 6-12 渤中凹陷不同层系的输导类型与成藏事件组合图

优势输导体也存在差异性。总体来看，渤中地区凸起和凹陷边缘均存在有效输导体，渤中地区中央凹陷至凸起周围，流体势逐渐降低，在渤中凹陷下部流体势的驱动下，油气自凹陷向凹陷边缘沿着流体势下降较快的方向运移。石臼坨凸起东倾末端 QHD36-3 井区周围油藏储层为沙一段+沙二段，原油对比证实其原油来自沙河街组烃源岩，结合其周围输导体发育情况，认为砂岩输导体是优势输导体，油气自沙三段生成后，在较大的流体势下，直接向上排烃，通过沙一段+沙二段砂岩输导体侧向运移，油气被断层遮挡后形成油气藏；石臼坨凸起东倾末端渤中 5 潜山油气藏，油气自沙河街组砂体侧向运移后沿着断层垂向运移，经过不整合侧向运移并成藏。在渤中 13-1 和曹妃甸 18-1 构造油气运聚成藏过程中，渤中 13-1 油田储层为沙一段+沙二段，油气通过沙一段+沙二段砂体侧向运移成藏，而后通过不整合和断裂输导体运移进入曹妃甸 18-2 和曹妃甸 18-1 潜山，加之流体势变化迅速，有利于渤中 13-1、曹妃甸 18-1 构造潜山成藏。渤中 19-6 构造为太古宇潜山气藏，主要由油气通过不整合和部分小型断裂输导体运移成藏。

整体来看，流体势与输导体配置良好的前提下，有利于形成大型油气藏，油气运移的有利方向主要为流体势下降快且有效输导体配合良好的区域。结合油气分布层位，可指出油气运移中的优势输导体：深层古近系油藏的输导，以砂岩为优势输导体，不整合和断裂输导体输导作用次之；前古近系潜山油气成藏过程中，以不整合为优势输导体，砂岩和断裂输导体输导作用次之。

四、相态差异性

烃类流体相态的影响因素有很多，如烃源岩的差异热演化、烃类流体的蒸发分馏、多孔介质、油气藏后期遭受气侵等次生蚀变作用以及温度和压力的改变等。但烃类体系的化学组分和温度、压力体系才是影响油气相态多样性的关键因素。通过对比分析不同油气藏烃类流体相图的差异特征，详细研究在流体组分和温度、压力体系的控制下油气相态的变化规律。

1. 流体组分

烃类流体组分从根本上控制着油气藏的相态特征，烃类组分的变化会使该流体的临界温度和临界压力发生改变。烃源岩的差异热演化和油气多期次充注或次生蚀变作用等都会导致烃类流体组分的差异，从而影响油气相态。利用 PVT 实验测试数据，选取不同烃类组分的地层流体，通过相态拟合计算，对比不同烃类组分地层流体的相图差异，归纳流体相态随烃类组分改变的变化规律。

（1）烃类混合物的临界压力远大于各组分的临界压力，这是由于各组分分子大小不同所致（图 6-13）。（2）重组分（C_{7+}）含量对流体相态的影响最大，从 BZ22-1-2 井气藏→BZ19-6-1 井凝析气藏→QHD35-2-1 井高挥发性油藏→BZ2-1-3 井黑油油藏，随着体系中重组分（C_{7+}）含量的增加，临界温度和临界凝析温度增大，临界压力先增大后减小，相包络线位置向右下方偏移。

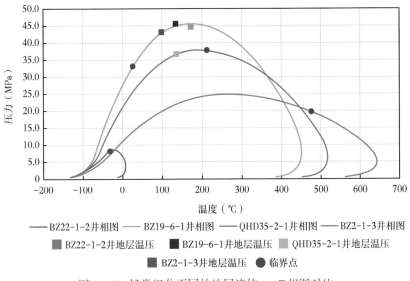

图 6-13 烃类组分不同的地层流体 p—T 相图对比

为了模拟重组分（C_{7+}）含量对烃类流体相态的影响过程，选取 BZ19-6-5 井凝析气样品，依次增加重组分含量 5%、10%、15% 和 25%。模拟得到相图的变化过程如图 6-14 所示。

（1）重组分含量未增加时，临界点位于地层温度等温降压线的左侧，烃类体系为凝析气藏。

（2）重组分含量增加 5% 后，达到 12.29%（大于 11%），临界温度、压力大幅增大，临界点迁移到地层等温降压线的右侧，且靠近等温降压线，油气藏类型由凝析气藏转变为高挥发性油藏。

（3）重组分含量增加 10% 后，临界温度继续增大，但临界压力开始下降（仍大于原始临界压力）。临界点位于地层温度等温降压线的右侧，且偏离等温降压线，油气藏类型虽未发生改变，但挥发性降低，形成挥发性油藏。

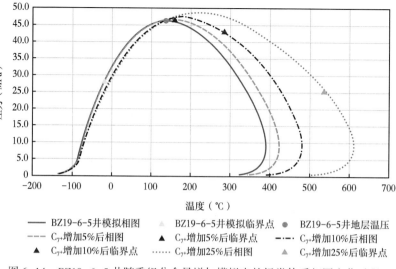

图6-14 BZ19-6-5井随重组分含量增加模拟出的烃类体系相图变化过程

（4）当重组分含量增加25%，高至32.29%时（大于32%），临界温度继续增大，临界压力继续减小，且小于原始临界压力。临界点迁移到相图右下方，且远离地层温度等温降压线，油气藏类型由挥发性油藏转变为黑油油藏。

（5）重组分（C_{7+}）与C_1含量越接近，相图的两相区域面积就越大，某一组分含量占优时，两相区域就变得越窄。

2. 温压体系

温度和压力是流体相态的重要控制条件，温度是决定流体相态的关键，压力则决定烃类体系相态个数。若温度小于烃类体系临界温度（T_c），压力大于泡点压力，体系为单相液体，压力小于泡点压力，则为气液两相；临界温度（T_c）和临界凝析温度（T_m）间为临界凝析区间，在此温度区间烃类体系呈凝析气相还是凝析气液两相，取决于压力是否大于露点压力；若温度大于临界凝析温度（T_m），无论压力如何变化，烃类体系均为单一气相。

烃类体系因温度和压力变化引起的相态变化，实际是以气在油中的分离或溶解表现出来的，油气的分离或溶解，使得烃类体系的组成和性质也随之发生改变。定容衰竭实验研究了压力变化对烃类体系组成和性质的影响，根据BZ19-6-7井定容衰竭实验，可以看出随着压力降低，烃类体系中甲烷等轻组分含量略有增加，重组分（C_{7+}）含量则有所减少。

不同衰竭压力下烃类体系相图变化过程如图6-15所示，随着压力降低，重组分含量减少，导致临界温度、临界压力和临界凝析温度均减小，相图整体向左下方迁移。同时随着轻组分含量占优，两相区域面积减小。

由于构造抬升或烃类向上部圈闭的运移，温度和压力开始降低，导致原始单一气相的凝析气藏发生气液分离，在不同的温度和压力条件下形成带油环的凝析气藏或带气顶的油藏；相反随埋深增大，地层温度、压力增高，致使单一液相的原油不稳定性增强，开始逆蒸发或裂解成气，形成高挥发油藏、凝析气藏甚至纯气藏。

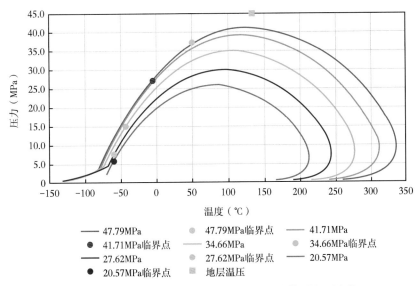

图6-15　BZ19-6-7井不同衰竭压力下烃类体系相图变化

3. 地质条件

凝析气藏的形成是多种有利地质条件共同作用的结果，首先优质的烃源岩类型及适当的热演化阶段是凝析油气生成的物质基础；其次封闭性良好的盖层，能保证凝析气藏在盖层之下汇聚成藏，有利于气藏的长期保存；最后晚期强烈沉降作用，促使地层温度、压力增大，不仅能加快烃源岩热演化，而且也有利于烃类重组分逆蒸发或原油裂解成气，形成次生凝析气藏。

1）烃源岩类型及其热演化阶段的影响

烃源岩作为油气生成的物质基础，其母质类型是控制油气相态演化的关键因素。前人通过大量生烃模拟实验和分析认为：腐殖型有机质 R_o 值大致为 $0.6\% \sim 1.9\%$ 时，生凝析油气为主；而腐泥—腐殖型有机质 R_o 值大致在 $0.5\% \sim 1.65\%$，以形成湿气和干气为主。烃源岩类型及热演化阶段不同，生成的油气产物相态不同。因此，烃源岩类型和热演化阶段从根本上控制着油气相态。

渤中凹陷主要发育古近系沙三段、沙一段和东三段三套烃源岩，这三套烃源岩不仅厚度大，而且有机质丰度高，TOC 值大多超过 2.0%，有机质类型以 II_1 型为主，其次为 II_2 型。沙三段烃源岩主要形成于中深湖沉积环境，烃源岩展布面积大、厚度大、埋藏深，主体处于成熟—高成熟阶段；沙一段烃源岩形成于湖盆收缩期半咸水—咸水环境，属于优质烃源岩，但规模和厚度较小；东三段烃源岩则以中深湖相沉积为主，烃源岩分布广、厚度大，在渤中凹陷中处于成熟阶段，是渤中凹陷重要的烃源岩。

高喜龙等运用生烃动力学方法结合埋藏史与古地温，对渤中凹陷中心和斜坡带的沙三段和东二段烃源岩的生烃史进行了详细研究。结果表明：凹陷中心沙三段烃源岩主生油期出现在 25—14Ma，主生气期出现在 15—10Ma，目前 R_o 值为 $1.8\% \sim 2.4\%$；东二段烃源岩主生油阶段为 10—5Ma，目前仍处在主生气阶段，R_o 值为 $1.0\% \ 1.6\%$。而斜坡带沙三段烃源岩主生油期出现在 10~5Ma，目前处在主生气阶段；东二段烃源岩目前处在主生油阶段，R_o 值为 0.58%~1.05%。

姜福杰和庞雄奇（2011）通过模拟 BZ6-1-1 井的埋藏史和热演化史研究烃源岩生烃史，结果表明渤中凹陷烃源岩大概在距今 34Ma 进入生油窗，距今 25Ma 左右达到生油高峰；目前东营组烃源岩达到成熟—高成熟热演化阶段（$R_o \approx 1.0\% \sim 2.0\%$），而沙河街组烃源岩达到过成熟热演化阶段。

根据渤中凹陷沉积与构造演化特征，该凹陷圈闭与运移通道主要形成于新构造运动时期（距今 12Ma 以后）。因此，从时空匹配关系可以认为，斜坡带烃源岩主生油期出现在新构造运动以后，是油气藏形成的主要时期。而凹陷中心烃源岩相对高的成熟度为天然气的大量生成奠定了良好基础，为凝析气藏的形成提供了物质基础。

渤中凹陷多套烃源岩的生、排烃时间不同，存在多期油气生成、多期油气成藏、多个油气系统控油，这是次生凝析气藏形成的重要条件之一。例如：烃源岩早期演化生成的液态烃，在晚期遭受天然气气侵可形成次生气侵型凝析气藏。

2）盖层封闭性的影响

盖层条件是气藏形成和保存的关键，区域盖层的分布及其封闭能力控制着凝析气在纵向上的分布层位及其富集程度。渤中凹陷深层主要发育古近系湖相沉积的沙河街组和东营组泥岩盖层，厚度可达 800~1200m，且受欠压实和生烃增压作用的双重影响，沙河街组和东营组厚层泥岩中普遍发育超压，超压的存在大大增强了泥岩盖层的封闭能力。

利用压力模拟软件对渤中凹陷现今压力场的模拟显示渤中凹陷具有双层超压结构，上超压层压力系数介于 1.2~1.8，分布比下超压层广；下超压层压力系数虽比上超压层大，最大约 2.0，但分布范围较小（薛永安，2018）。

滕长宇等利用排替压力与孔隙度关系计算了沙河街组和东营组盖层和储层的排替压力差，再通过等效深度法计算了盖层、储层流体剩余压力差。综合物性封闭作用和超压封闭作用，能够准确和客观地对东营组和沙河街组盖层的封闭能力进行定量评价。结果表明，东营组和沙河街组的盖层、储层排替压力差大，且普遍发育超压，计算的盖储压差（排替压力+剩余压力）都大于 9MPa，相当于所能封盖的最大气柱高度可达 900m。因此，渤中凹陷稳定分布的巨厚超压泥岩盖层是凝析气藏聚集成藏和完好保存的保障。

3）晚期强烈沉降作用的影响

渤中凹陷是渤海湾盆地的沉积中心，新近纪以来充填了近 3000m 厚的沉积物，与渤海湾盆地其他凹陷相比沉降量最大，自沙三段沉积时期开始迅速沉降；东一段—馆陶组沉积初期构造沉降速率放缓，之后一直处于构造沉降期。

晚期强烈沉降在埋深增大的同时，地层温度和压力也随之增大，促使烃类体系中重组分逆蒸发或裂解成气，有利于形成逆蒸发成因型和原油裂解型次生凝析气藏。

五、油气成藏模式

富氢深部流体沿着深大断裂—裂缝网络，以中心式和裂隙式运移至烃源岩处，使得渤中凹陷烃源岩生烃潜力得到极大提升，凹陷中心孕育的超压提供了充足的动力条件。由于渤中凹陷受流体动力演化以及新构造运动的影响，南、北成藏模式存在差异。

　　北部自 9.5Ma 至今，流体动力不断增强。强劲的流体动力使油气沿不整合面与输导脊发生大规模、长距离侧向运移成为可能，油气得以不断充注。距今 5.3Ma 以来，新构造运动活跃，断层的活化使得断层成为油气垂向运移的主要通道，当断层与不整合面、输导脊在空间耦合配置时，油气将沿着断层垂向运移至浅层新近系，晚期在构造凸起、斜坡处聚集成藏，而后期油气的保存将取决于断层启闭性与盖层封闭性的时空匹配关系（图 6-16a）。

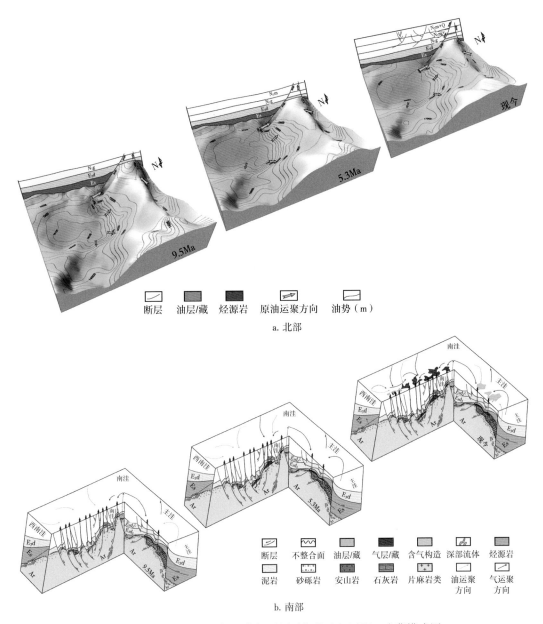

图 6-16　渤中凹陷北部、南部不同时期的油气运聚、成藏模式图

南部自 24.6Ma（东营组沉积末期）至 5.3Ma，流体动力逐渐增强，并在 5.3Ma 达到峰值。这一时期，强劲的动力条件保障了油气快速持续的充注，有利于油气沿不整合面、断裂发生大规模、长距离的侧向运移，在上覆巨厚、区域分布稳定的优质泥岩盖层的控制下，油气不易发生散失并在深层潜山形成大规模盖层下油气藏。距今 5.3Ma 至今，流体动力逐渐趋于稳定，有利于油气在该时期形成汇聚。由于新构造运动促使凹陷各级断层活化，使部分聚集的原油沿断层向上运移并在浅层新近系馆陶组和明化镇组圈闭再次聚集成藏。同时，该时期天然气大量聚集，天然气在高温高压下，抑或是对先期深层形成的油藏形成气侵，导致原油可溶组分溶解进入天然气，沥青在储层中沉淀下来，先期油藏转换为凝析气藏；抑或是沿着断层向上运移。在优势运移通道上，呈现纯油藏、凝析气藏和含气构造带等多类型油气藏（图 6-16b）。

第二节　重点油气藏解剖

一、渤中 19-6 构造

1. 成烃特征

渤海湾盆地经历了多期构造抬升剥蚀，不同凹陷不同时期烃源岩埋深、优质烃源岩的热演化程度存在较大差异性。如渤中、歧口、秦南等凹陷晚期快速沉降，沉降速率超过 200m/Ma，相应的熟化速率超过 0.25%/Ma。特别是渤中凹陷，沙三段、沙一段+沙二段沉积期，其地层总体厚度稳定，东营组沉积期郯庐断裂带的右行走滑活动已全面进行，地幔作用的主动伸展与右行走滑拉分形成的被动伸展作用共同促使渤中凹陷快速沉降，使其沉降速率比前期显著增大，渤中凹陷主洼沉积地层厚度超过 3500m。新近纪以来，转为裂后热沉降凹陷阶段，沉积中心收敛至渤中凹陷，距今 5.1Ma 以来沉降速率高达 320m/Ma，沉积厚度可达 3000m，由于该时期的快速沉降，增大了沙河街组烃源岩的埋深，促使烃源岩热演化加快，渤中凹陷烃源岩熟化速率高达 0.41%/Ma。结合黄金管热模拟实验结果分析得出，距今 5.1Ma 以前，烃源岩生气量仅占总生气量的 16.6%，而距今 5.1Ma 至今，生气量占总生气量的 83.4%，是早期生气量的五倍，证实这种晚期的快速沉积加速了烃源岩的热演化，有利于晚期大规模生气。

利用热模拟结果，通过盆模分析得出，距今 5.1Ma 时渤中凹陷、辽中凹陷、歧口凹陷、秦南凹陷等生气强度超过 $20 \times 10^8 m^3/km^2$。其中渤中凹陷高达（50~200）$\times 10^8 m^3/km^2$。该时期大量产气与东营组超压形成时间、区域成藏时间相匹配，使得晚期生成的大量天然气容易在区域超压泥岩盖层下保存、聚集并大规模成藏。

2. 成藏特征

渤海湾盆地大小凹陷 60 余个，分布于陆地和海域的七大油区。按照上述形成条件，结合勘探实践可划分为四种天然气富集贫化模式。

区域超压泥岩发育富集模式。在腐殖型或高成熟腐泥型较强生气凹陷中心及围区，生油岩之上的东营组（沙河街组）沉积了巨厚且平面广布的具超压的泥岩"被子"，且未被晚期断裂破坏，超压晚期持续发育，将古近纪形成的天然气强封闭控制在这一特殊盖层之下横向运移至储层中，天然气在此超压盖层下以侧向运移为主，不易散失，可形成大规模盖层下型天然气藏。在凹陷内发育的低潜山，由于临近凹陷"被子"发育，使大量天然气强充注，可形成较大型气田。以海域辽东湾北区、渤中凹陷等地区为特征。

渤中19-6大型凝析气藏为典型的区域超压泥岩型富集模式，经历了先油后气连续充注的气侵式成藏过程。其烃源岩为渤中凹陷沙河街组泥岩，主要为原油伴生气和凝析油伴生气，其成因主要为古近系干酪根裂解气。镜下观察到黄绿色和蓝白色荧光两种油包裹体，反映了成熟度较低和较高的油两期成藏，油包裹体共生的盐水包裹体均一温度为90~160℃，根据埋藏史恢复的原油充注期主要为距今12.0—5.1Ma。镜下同时观察到较多的气包裹体，共生的盐水包裹体均一温度为140~180℃，根据埋藏史恢复的天然气充注期主要为距今5.1Ma至今。潜山顶部可见较多的油质沥青，沥青等效镜质组反射率为1.3%~1.6%，反映了气侵成因。表明渤中19-6凝析气田经历了先油后气的成藏过程：中新世中期—上新世早期（距今12.0—5.1Ma）烃源岩广泛处于大量生油阶段，并形成油藏；随着新构造运动（距今5.1Ma）的发展，部分深层原油随断层运移至浅层新近系成藏，形成渤中19-4中型油田；上新世以来（距今5.1Ma至今）烃源岩处于高成熟—过成熟演化阶段，天然气大量生成并充注，对先期深层油藏形成气侵，在古近系泥岩盖层的保护下，气侵过程得以持续至今，大型油藏逐渐转变为大型凝析气藏。

3. 成藏模式

渤中19-6气田具有近源、多灶超压供烃特征。渤中凹陷古近系沙三段烃源岩直接披覆在砂砾岩和低潜山之上，或者沙河街组和东营组烃源岩通过断层与低潜山对接，烃源岩生成的油气可以通过风化壳和断层就近进入圈闭成藏，具有近源成藏的优势。渤中19-6气田被渤中凹陷西南洼、南洼和主洼环绕，每个洼陷为一个生烃中心，具有多灶供烃的优势。洼陷带处于高演化阶段的烃源岩普遍发育超压，为油气成藏提供充足动力。

渤中19-6气田具有超压气源、优质盖层和常压—弱超压储层形成的"黄金储盖组合"。主要储集体是孔店组砂砾岩体和低潜山变质岩，其上覆地层为厚达1000m的超压泥岩。

渤中19-6气田具有天然气超晚期快速成藏的特征。现今的凝析气田在地质历史上经历了早期（距今24—5Ma）油藏形成与破坏、晚期—超晚期（距今5—0Ma）油藏调整与凝析气藏转换两个主要的阶段。古近纪末期（距今24Ma），渤中凹陷南洼和渤中凹陷西南洼烃源岩小范围进入成熟阶段并开始生排烃，渤中19-6构造油气开始聚集形成小规模油藏，但由于油藏埋藏浅（约2000m）、盖层条件差而遭受了生物降解及构造运动的破坏，油气突破成岩程度较低的东营组泥岩盖层并逸散，现今凝析油中出现的少量25-降藿烷证明了先期油藏浅埋藏并遭受生物降解的过程。新构造运动初期（距今5Ma），渤中凹陷南洼和渤中凹陷西南洼烃源岩广泛进入成熟—高成熟阶段并大量生排烃，渤中19-6构造开始大规模聚油，新构造运动使部分聚集的原油沿断层向上运移并在浅层新近系馆陶组和明化镇组圈闭再次聚集成藏，形成渤中19-4中型油田，渤中19-6气田。储层中与烃类包裹体共生的盐水包裹体均一温度为110~150℃，结合埋藏史确定成藏期主要为距今5Ma。新构造运动晚期，渤中凹陷南洼和渤中凹陷西南洼烃源岩整体进入高成熟阶段并大量生气，渤中 19-6 构造天然气开始大规模聚集，天然气在高温高压下对先期油藏形成气侵，导致原油可溶组分溶解进入天然气，沥青在储层中沉淀下来，先期油藏转换为凝析气藏，渤中 19-6 气田圈闭上部普遍发育沥青，根据建立的沥青反射率与镜质组反射率公式计算得到的沥青等效镜质组反射率仅为 0.9%，反映沥青为气侵成因，渤中 19-6 气田储层中油包裹体发育丰度很高，GOI 值高达 80%，而气包裹体发育丰度低，现今斜坡带烃源岩仍处于大量生气阶段，反映了渤中 19-6 气田天然气为超晚期成藏。超晚期快速成藏有利于渤中 19-6 气田的保存（图 6-17）。

综上所述，渤中凹陷西南洼、南洼和主洼沙三段烃源岩经历了"早油晚气"的生排烃过程。从烃源岩中排出的油气，在上覆巨厚、区域分布稳定的优质泥岩盖层的控制下，沿不整合面、断裂运移，尤其是主力烃源岩与低潜山对接，侧向供烃窗口大，同时，烃源岩中普遍发育的超压为天然气运移提供了良好的动力条件。渤中 19-6 气田经历了"早油晚气"的成藏过程，在超晚期天然气大规模聚集成藏并完成油藏向凝析气藏的转换。

二、渤中 21/22 构造区

1. 烃源特征

渤中 21/22 构造区紧邻渤中凹陷主洼和渤中凹陷西南次洼，洼陷中存在沙一段、沙三段、沙四段和东营组四套烃源岩，其中沙一段和东营组烃源岩在该构造区十分发育，主要表现为烃源岩总厚度大，发育半深湖—深湖相暗色泥岩，为本区的优质烃源岩段。BZ21-2-1 井由上而下依次钻遇平原组、明化镇组、馆陶组、东营组、沙一段和奥陶系，其中东三段下部至沙一段属半深湖相沉积，微咸—半咸水，矿物质丰富，水生生物繁盛，有机质保存条件优越，为一套分布广泛的优质烃源岩，在渤中 21/22 构造区发育，在洼陷中厚度更大。需要强调的是，本井钻探过程中首次在渤海海域取得东三段优质烃源岩岩心，为烃源岩评价提供了有力的证据。

BZ21-2-1 井由于烃源岩样品热演化程度已经很高，现今干酪根 H/C 值和岩石热解氢指数已大幅降低，判断有机质类型主要依靠干酪根显微组分分析及烃源岩统计规律。该井钻遇的东营组和沙一段烃源岩干酪根显微组分以壳质组为主，约占 80%~90%，镜质组约占 10%，腐泥组及惰质组含量均很低，干酪根类型为 II_1—II_2 型。渤海海域烃源岩干酪根类型指数随有机碳含量增大而增大，即有机质品质随有机质丰度增大而变好，BZ21-2-1 井总有机碳含量大于 2% 的优质烃源岩样品干酪根类型指数偏低，可能受较高的热演化程度的影响，统计规律显示该优质烃源岩干酪根类型指数初始应大于 40，初始有机质类型应为 II_1 型。

结合实测与模拟镜质组反射率结果来看，BZ21-2-1 井生烃门限深度约为 3000m，对应镜质组反射率为 0.5%；天然气大量生成的深度约为 4400m，对应镜质组反射率为 1.3%。东二上亚段和东二下亚段烃源岩仍处于生油阶段；东三段下部优质烃源岩岩心实测镜质组反射率为 1.56%~1.60%，处于生成凝析油和湿气阶段；氢指数仅为 71~96mg/g，转化率大于 80%；沙一段烃源岩埋深为 4404~4862m，对应镜质组反射率大于 1.3%，同样处于生凝析油和湿气阶段；奥陶系碳酸盐岩实测海相镜质组反射率大于 2.0%。

单井埋藏史分析表明 BZ21-2-1 井在约 10Ma 时埋藏深度迅速加快，烃源岩生排烃速

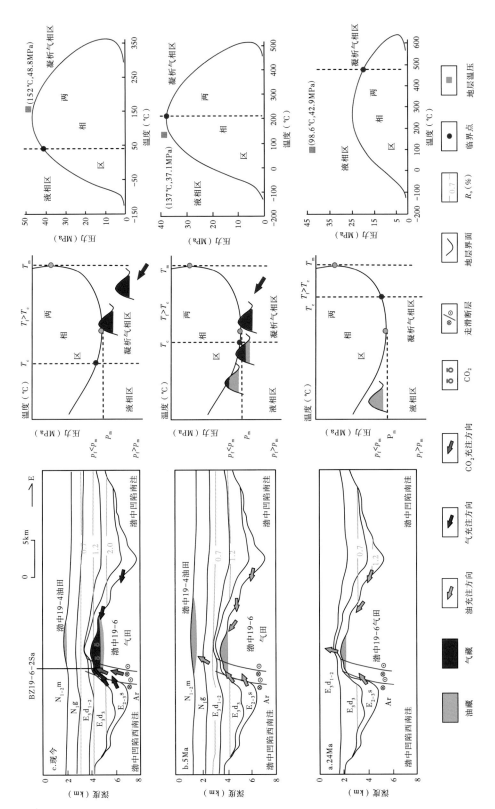

图6-17　渤中19-6构造区油气成藏模式图（据徐长贵等，2019）

度亦开始加速，现今东三段下部和沙一段优质烃源岩镜质组反射率大于1.5%，转化率大于80%。岩石热解分析和成藏模拟表明，BZ21-2-1井沙一段和东营组排烃强度高达近1000×10⁴t/km²，具备形成大中型油气田的条件。洼陷中东营组烃源岩厚度更大，并且存在沙四段和沙三段烃源岩，生排烃强度很高。

前文已述，BZ21-2-1井钻探所揭示的沙一段与东营组烃源岩热演化程度高，生排烃强度大，大于4600 m强超压段与优质烃源岩发育段对应，因为泥岩欠压实和生烃所引起的双重超压作用有利于沙一段和东营组烃源岩生成的天然气沿泥质烃源岩微裂缝向下进入奥陶系碳酸盐岩古潜山成藏。钻时气测显示古潜山天然气组分与上覆烃源岩钻时气测组分的干燥系数相似，古潜山天然气与上覆东三段—沙一段烃源岩吸附气重烃指纹对比较好，推测其对古潜山天然气成藏有重要贡献。将BZ21-2-1井古潜山天然气与渤中凹陷东营组烃源岩生成的天然气、黄河口凹陷沙三段烃源岩生成的天然气进行重烃指纹对比可以看出，BZ21-2-1井古潜山天然气环戊烷/2-甲基戊烷、2-甲基戊烷/3-甲基戊烷、环己烷/2-甲基己烷、正己烷/环己烷参数值相对较高，部分具有沙三段烃源岩生成的天然气特征，因此综合认为科A1井古潜山天然气同时来自沙三段烃源岩、沙一段—东营组烃源岩，且以后者为主（周心怀，2017）。

2. 成藏特征

渤中21/22圈闭形成时间较早，主要受燕山构造期地层抬升的影响，古近纪之前古潜山基本定型。该古潜山被上覆的东三段—沙一段和邻近凹陷的沙三段烃源岩所包围，以上两套烃源岩现今生烃门限深度约3000m，目前都已成熟，特别是沙三段烃源岩，至明化镇组沉积期，已超过5000m的高成熟门限，进入大量生气阶段。古潜山外深层缺乏其他有效储层，因此大量生成的油气在深埋高压条件下向古潜山圈闭持续高压充注，产生规模性聚集。渤中21/22气藏天然气成分比较复杂，既有烃类气体，又有CO_2、N_2和H_2S等非烃类气体。天然气成分分析表明，BZ21-2-1井烃类气体含量占50.5%（其中甲烷含量占烃类气体总含量的92.5%），二氧化碳占48.92%，硫化氢占82.20×10⁻⁶%。科A2井烃类气体含量占63.5%、二氧化碳占36%、一氧化碳占122×10⁻⁶%，硫化氢占（137～172）×10⁻⁶%。烃类气碳同位素分析结果为：$\delta^{13}C_1 = -50.3‰$，$\delta^{13}C_2 = -30.5‰$，$\delta^{13}C_3 = -29.3‰$，$\delta^{13}C_4 = -28.0‰$，表明烃类气碳同位素具有正序列分布，说明其主要为有机成因气。本文中主要针对烃类气成藏模式进行叙述。

渤中21/22构造区南北两侧断裂系统较发育，断裂和大型不整合面组成了本区油气的立体输导系统，它们很好地沟通了凹陷中的成熟烃源岩，为油气运聚和成藏提供了有利的通道。渤中21/22构造区两侧分别邻近渤中凹陷主洼和渤中凹陷西南次洼，其古潜山天然气成藏可能存在两种途径：一是沙河街组高成熟烃源岩生成的天然气通过断层的垂向输导和不整合面的横向输导而聚集成藏；二是古潜山上覆的东营组成熟烃源岩直接垂直向下排烃，至古潜山风化壳和内幕成藏。根据3500～4510m段流体包裹体资料来看，该层段存在3～4次相对较明显的油气充注。东一段3500～3510m范围内，流体包裹体均一化温度为115～130℃；东二段4380～4390m范围内，流体包裹体均一化温度为140～155℃；东三段4500～4510m范围，流体包裹体均一化温度大于160℃。东一段与东二段包裹体以气液两相包裹体共生为主；东三段包裹体以气相包裹体为主，根据包裹体温度推测渤中21/22天然气藏主要为晚期成藏，成藏时间大致在5Ma至今，其形成时间较晚，对天然气的保存十分有利（图6-18）。

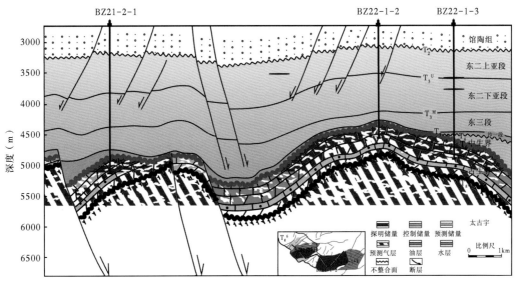

图6-18　渤中21/22构造区油气成藏模式图

三、蓬莱7-1构造

1. 烃源特征

渤东地区位于渤海海域中东部，其范围涉及渤南低凸起、庙西凸起、渤东低凸起、渤东凹陷和庙西凹陷，整体呈凹凸相间的构造格局。古近纪为湖相断陷—断坳发展阶段，是烃源岩形成期，发育沙三段、沙一段和东三段多套优质烃源岩，周边油田和含油构造已证实了这几套烃源岩的油源贡献。新近纪为热沉降—坳陷发展阶段，发育河湖交互相沉积，形成较好的储盖组合，蓬莱19-3油田、蓬莱9-1油田在新近系馆陶组和明下段均有规模性油藏发现。受渤海东部郯庐走滑断裂影响，渤东探区断裂发育，垂向上油气主要分布于新近系。平面上，油气主要分布于凸起区与斜坡区。近几年渤东探区凸起区与斜坡区新近系勘探喜忧参半，一些与长期活动断层配置良好的构造圈闭钻探失利，表明新近系油气成藏具有一定复杂性。

2. 输导特征

1）横向输导体系——不整合面和高渗透率岩体

渤东地区横向输导通道主要包括潜山不整合面与骨架砂体两种。潜山不整合面通常具有三层结构，即不整合面之上的底砾岩、不整合面之下的风化黏土层和半风化岩石，其中底砾岩连通孔隙带和半风化岩石裂缝孔洞带均可以作为高效输导层。渤东探区潜山主要为火成岩、碳酸盐岩和变质岩，受强烈的构造活动改造和长时间风化淋滤影响，潜山半风化岩石孔、缝发育，孔缝之间相互连通形成高效输导层。不整合面之上的底砾岩主要分布于凸起周边斜坡区，厚度1~12m，为近源扇三角洲或辫状河三角洲沉积，横向变化快，孔隙度为 18%~25%，渗透率为 0.02~0.3μm²，具有较好的运移能力。这些底砾岩分布局限，往往由断层将其与不整合面之下的半风化岩石连通组成联合输导体系。

对于骨架砂岩，当地层含砂率（体积分数）在 20% 左右，砂体之间开始连通，含砂率在 50% 以上时砂体之间的孔隙连通性较好（罗晓容等，2012）。渤海海域馆陶组整体处于辫状河或辫状河三角洲沉积环境，为区域富砂层系。馆陶组下部大套厚层砂岩尤为发育，且平面分布广泛，在渤东地区的含砂率普遍在 40% 以上，横向连通性较好，也是主要的横向输导层之一。

2）垂向输导体系——断层

受郯庐走滑断裂活动影响，渤东地区断裂整体上表现为拉张与走滑的叠加。新生代断裂体系按照发育时间可以分为三种类型：早夭型、新生型和继承型。早夭型断裂，即古新世至始新世发育，渐新世前停止发育；新生型断裂，主要为距今 5.3Ma 左右的新构造运动产物；继承型断裂，整个新生代持续发育。其中：继承型断裂多贯穿整个新生界；早夭型断裂主要发育于孔店组至沙河街组，最浅部可断至东营组；新生型断裂分布地层范围较广，新近系、古近系乃至潜山均有分布。早夭型断裂和新生型断裂在局部位置具有搭接、错断关系。

平面上，断裂主要呈 NNE 向或 NEE 向展布，其中 NNE 向断裂为走滑或拉张—走滑性质的断裂，以继承型断裂和早夭型断裂为主，主要发育于盆地的陡坡带和凹陷带，剖面上常表现为"花状"构造、多级"Y"字形、"似花状"构造等构造样式；而 NEE 向断裂则主要为伸展或走滑—伸展性质的断裂，以新生型断裂为主，主要发育于盆地的缓坡带、凹陷带和凸起区，剖面上常表现为翘倾断块或"Y"字形等构造样式。

断层是油气垂向运移的主要通道。当断层活动与烃源岩大规模排烃在时间上匹配，与深层输导脊在空间耦合配置时，断层才能起到沟通深层油气的作用。渤海海域新近系油气具有晚期成藏的特点，继承型断裂和新生型断裂为主要油源断裂。陡坡带的继承型断裂和凹陷带的新生型断裂直接沟通有效烃源，形成"源—断"式油气运移模式。斜坡带和凸起区新生型断裂断至馆陶组底部砂岩或潜山不整合面输导脊，形成"脊—断"式油气运聚模式。

3. 成藏模式

蓬莱 7-1 构造是在中生界潜山基底背景上发育起来的，受凸起东西两侧大断层夹持所形成的断鼻或背斜圈闭，主体呈 NE 走向，位于 NE 向郯庐走滑断裂辽东湾段与渤南段的转折区内，同时受到 NW 向具左旋走滑性质的张家口—蓬莱断裂带和秦皇岛—旅顺断裂带的影响。蓬莱 7-1 构造于 1980 年钻探 PL7-1-1 井，在馆陶组、东营组和中生界潜山均获得了油气发现。蓬莱 7-1 构造潜山东西两侧受边界大断层夹持，且紧邻渤中凹陷和渤东凹陷两大富生烃凹陷，属于源间内幕型潜山，以该潜山为例建立了源间"超压双断侧供式"近源运移模式。

渤中凹陷南部和渤东凹陷共发育东下段、沙一段+沙二段和沙三段三套烃源岩，有机质类型好、丰度高、厚度大。热史模拟表明，渤中凹陷沙三段 23—18Ma 快速排烃、18—12Ma 缓慢排烃；沙一段 19—10Ma 快速排烃、10—9Ma 缓慢排烃；东下段 11—3Ma 快速排烃、3—0Ma 缓慢排烃；渤东凹陷沙三段 19—8Ma 快速排烃、8—6Ma 缓慢排烃；沙一段 16—8Ma 快速排烃、缓慢排烃 8—6Ma；东下段 8—0Ma 快速排烃。从排烃史讲，渤东凹陷沙三段、沙一段、东下段和渤中凹陷沙一段、东下段可为蓬莱7-1潜山提供充足的油源。

渤中凹陷深层普遍发育超压，PL7-1-1井古近系主要为欠压实超压成因，表现为压力系数随深度的增加而增大，声波时差曲线值随深度的增大逐渐变大；潜山主要为连通型传递超压成因，表现为压力随深度的增加而增大，且压力连线平行于静水压力梯度，同时可能还含有液态烃向气态的转化增压，在潜山取心中见轻质油渗出和气泡，由渤中凹陷、渤东凹陷超压系统中的高压流体通过断裂或不整合充注所致。

PL7-1-1井潜山遭受强烈的风化淋滤，其顶部40m风化严重，呈泥状和砂状结构。从整个环渤中凹陷火山岩储层发育层位来看，油气富集于距潜山顶面0~280m的层段内，说明风化淋滤作用影响火山岩优质储层的形成。根据爆发相—溢流相—侵出相的火山喷发相序，推测PL7-1-1井火山岩至少经历了九个期次的火山喷发，不同岩性、岩相的频繁叠置也有利于优质储层发育。渤中凹陷和渤东凹陷烃源岩生成的成熟油气在超压的驱动下，侧向沿着断层和不整合面向蓬莱7-1构造潜山中不断充注成藏（图6-19）。

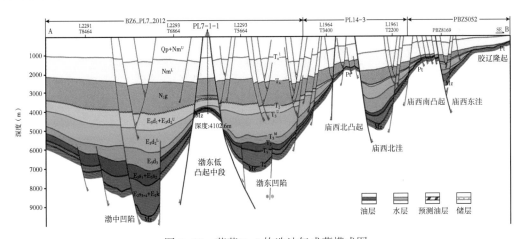

图6-19   蓬莱7-1构造油气成藏模式图

四、428东潜山

1. 烃源条件

428东潜山位于石臼坨凸起倾没端，距离秦南凹陷、渤中凹陷生烃主洼距离近，位置优势使其具有优越的烃源条件，这也是428东潜山被寄予厚望的原因之一。

由于428东潜山具有特殊的内部结构，与传统意义上潜山顶面风化壳成藏不同，428东潜山顶部为一套以泥岩为主的细粒沉积，决定了其无法形成潜山顶面油气藏，反而可以作为潜山内幕的盖层。现有的八口钻井揭示，潜山内幕二叠系底部的砂砾岩以及寒武系、元古宇变质花岗岩均见油气显示，但均未获得商业性发现。二叠系底部的一套砂砾岩由于埋藏深，现今残留均较致密，从测井解释结论来看，这套砂砾岩含油层段均解释为差油层，从侧面也说明该区油源条件不是问题，但是受限于储层条件，无法形成有商业价值油藏。

2. 勘探潜力

寒武系碳酸盐岩从岩性上看多发育鲕粒灰岩、灰质白云岩等易于风化的岩石，而且寒武系与二叠系之间缺失多套地层，说明暴露风化时间长，有利于形成优质储层。经过反射特征追踪及潜山内幕断裂解释发现寒武系碳酸盐岩内部发育了多条断层，将残余地层切割成几个断块圈闭，圈闭面积从 3.9km² 到 11.8km² 不等，具备面积大、形态好的特点。20世纪 70 年代 428 东潜山的钻探时期，专为钻探这套寒武系设计了多口钻井，其中 A8-3 井钻探了 B 块，A8-2 井和 A2 井钻探了 C 块，且 A8-3 井在寒武系顶部进行了测试，利用30mm 套管放喷获折算日产 864t 的原油产能，经过两次放喷均没有发现地层出水，证实该层为高产高压油层；A8-2 井和 A2 井在寒武系测试分别获得折算日产 133.8t、160.1t 的原油产能，两井测试均采用套管放喷，说明地层能量大。虽然这两口井测试过程中均有水产出，但 A2 井从产水量及当时记录测试过程中含水率逐渐下降来看，产水记录并非反映真实的地层水条件；A8-2 井测试产水对比海水钻井液氯根时发现水样氯根接近钻井液氯根，测试过程中氯根无明显变化，并且产水量所占比例低，并没有出现见水以后产水量迅猛上升现象，从这两点判断 A8-2 井寒武系测试结果为真实的油气发现。这三口井的测试结果也一直备受关注，但受限于当时的资料条件，对于潜山内部结构一直认识不清，随后的几口探井并未钻遇寒武系，在新揭示的地层中没有获得有价值的发现，以至于对 428 东潜山的评价搁置至今。

3. 运聚模式

随着三维地震资料采集及处理技术的进步，为 428 东潜山的内幕结构分析提供了技术保障。近年来在潜山北部下降盘发现的秦皇岛 29-2 东油田的油水界面为-3479m，南侧QHD36-3 油田的油水界面为-3781m，两侧的油水界面均在潜山内幕寒武系之下，而且从两侧油田的油气运移方向来看潜山内幕处在更为有利的区域，A8-3 井，A8-2 井，A2 井揭示寒武系最高部位已经充注成藏（图 6-20）。

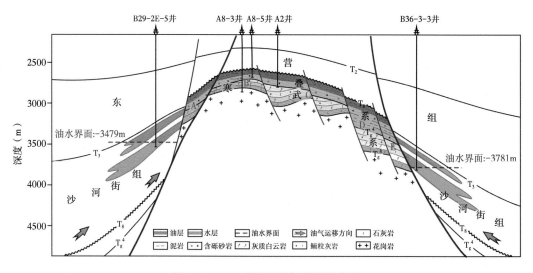

图 6-20 428 东潜山油气成藏模式图

参 考 文 献

白国平，曹斌风.2014.全球深层油气藏及其分布规律[J].石油与天然气地质,35(1):19-25.

蔡希源.2012.湖相烃源岩生排烃机制及生排烃效率差异性—以渤海湾盆地东营凹陷为例[J].石油与天然气地质,33(3):330-345.

曹代勇,王廷斌,唐跃刚,等.2001.渤海湾盆地深层烃源岩生烃条件研究[M].北京:地质出版社.

曹涛涛,宋之光,王思波,等.2015.不同页岩及干酪根比表面积和孔隙结构的比较研究[J].中国科学:地球科学,45(2):139-151.

常波涛.2006.陆相盆地中不整合体系与油气的不均一性运移[J].石油学报,5:19-23.

陈荷立.1988.泥岩压实与油气运移研究[J].西北大学学报(自然科学版),18(1):28-30.

陈荷立,汤锡元.1981.试论泥岩压实作用与油气初次运移[J].石油与天然气地质,2(2):114-122.

陈荷立.2012.陈荷立学术论文集[M].北京:石油工业出版社.

陈欢庆,朱筱敏,张琴,等.2009.输导体系研究进展[J].地质论评,55(2):269-276.

陈墨香,黄歌山,汪缉安,等.1984.渤海地温场特点的初步研究[J].地质科学,4:392-401.

陈瑞银,罗晓容,吴亚生.2007.利用成岩序列建立油气输导格架[J].石油学报,28(6):43-46.

陈涛.2009.济阳坳陷古近系不整合结构与输导机理研究[D].青岛:中国石油大学(华东).

陈占坤,吴亚生,罗晓容,等.2006.鄂尔多斯盆地陇东地区长8段古输导格架恢复[J].地质学报,80(5):718-723.

池英柳.2001.渤海新生代含油气系统基本特征与油气分布规律[J].中国海上油气(地质),15(1):3-10.

戴金星,戚厚发.1989.我国煤成烃气的 $\delta^{13}C_1-R_o$ 关系[J].科学通报,34(9):690-690.

杜建国,徐永昌,孙明良.1998.中国大陆含油气盆地的氦同位素组成及大地热流密度[J].地球物理学报,1998(4):494-501.

范昌育.2008.东濮凹陷浅层砂体、不整合输导能力研究[D].西安:西北大学.

付广,段海凤,孟庆芬.2005.不整合及输导油气特征[J].大庆石油地质与开发,24(1):13-16.

付广,李世朝,杨德相.2017.断裂输导油气运移形式分布区预测方法及其应用[J].沉积学报,35(3):592-599.

龚再升.2004.中国近海含油气盆地新构造运动与油气成藏[J].地球科学——中国地质大学学报,29(5):513-517.

国家改革和发展委员会.2008.SY/T 5238—2008 有机物和碳酸盐岩碳、氧同位素分析方法[S].北京:中国标准出版社,1-13.

国家石油和化学工业局.2000.SY/T 5368—2000 岩石薄片鉴定[S].北京:中国标准出版社,1-31.

国家能源局.2019.SY/T 5735—2019 烃源岩地球化学评价方法[S].北京:中国标准出版社,1-6.

国家能源局.2014.SY/T 5125—2014 透射光—荧光干酪根显微组分鉴定及类型划分方法[S].北京:中国标准出版社,1-14.

国家能源局.2016.SY/T 7035—2016 黄金管生烃热模拟试验方法[S].北京:中国标准出版社,1-13.

郭涛,杨波,陈磊,等.2016.岩浆岩三维精细刻画——黄河口凹陷南斜坡渤中34-9油田的发现[J].中国海上油气,28(2):71-77.

郝芳.2005.超压盆地生烃作用动力学与油气成藏机理[M].北京:科学出版社.

郝芳,蔡东升,邹华耀,等.2004.渤中坳陷超压—构造活动联控型流体流动与油气快速成藏[J].地球科学——中国地质大学学报,29(5):518-524.

郝芳,邹华耀,龚再升,等.2006.新(晚期)构造运动的物质、能量效应与油气成藏[J].地质学报,80(3):424-431.

侯明才,曹海洋,李慧勇,等.2019.渤海海域渤中19-6构造带深层潜山储层特征及其控制因素[J].天然气工业,39(1):33-44.

胡贺伟,李慧勇,于海波,等.2016.渤中21-22构造区断裂演化及其对油气的控制作用[J].东北石油大学学报,40(2):36-46.

胡志伟,徐长贵,王德英,等.2019.渤海海域走滑断裂叠合特征与成因机制[J].石油勘探与开发,46(2):1-14.

黄保纲,汪利兵,赵春明,等.2011.JZS油田潜山裂缝储层形成机制及分布预测[J].石油与天然气地质,32(5):710-717.

黄正吉,李友川.2002.渤海湾盆地渤中坳陷东营组烃源岩的烃源前景[J].中国海上油气.地质,16(2):118-124.

姜福杰,庞雄奇.2011.环渤中凹陷油气资源潜力与分布定量评价[J].石油勘探与开发,38(1):23-29.

姜雪,刘丽芳,孙和风,等.2019.气候与构造控制下湖相优质烃源岩的差异分布——以渤中凹陷为例[J].石油学报,40(2):165-175.

蒋有录,叶涛,张善文,等.2015.渤海湾盆地潜山油气富集特征与主控因素[J].中国石油大学学报(自然科学版),39(3):20-29.

金之钧.2000.我国油气运移的研究现状与展望[J].石油大学学报(自然科学版),24(4):1-3.

雷裕红,罗晓容,张立宽,等.2013.东营凹陷南斜坡东段沙河街组砂岩输导层连通性量化表征[J].石油学报,34(4):692-700.

李慧勇,徐云龙,王飞龙,等.2019.渤海海域深层潜山油气地球化学特征及油气来源[J].天然气工业,39(1):45-56.

李丽霞.2001.渤中地区第三系碎屑岩储层成岩作用研究[J].中国海上油气.地质,15(2):111-119.

李明诚.2004.油气运移基础理论与油气勘探[J].地球科学,4:379-383.

李明诚.2004.石油与天然气运移[M].北京:石油工业出版社.

李丕龙,张善文,王永诗,等.2003.多样性潜山成因、成藏与勘探—以济阳坳陷为例[M].石油工业出版社:21-33.

李学义,李天明,等.2005.霍尔果斯构造油气藏成藏条件[J].新疆石油地质,26(3):242-244.

李友川,黄正吉,张功成.2001.渤中坳陷东下段烃源岩评价及油源研究[J].石油学报,2:44-48.

刘桠颖,徐怀民,姚卫江,等.2011.准噶尔盆地网毯式油气成藏输导体系[J].中国石油大学学报,35(5):32-50.

卢刚臣.2013.渤海湾盆地黄骅坳陷潜山演化历程及展布规律研究[D].中国地质大学.

罗晓容,喻建,张发强,等.2007.二次运移数学模型及其在鄂尔多斯盆地陇东地区长8段石油运移研究中的应用[J].中国科学(D辑:地球科学),37(S1):73-82.

罗晓容,雷裕红,张立宽,等.2012.油气运移输导层研究及量化表征方法[J].石油学报,33(3):428-436.

罗晓容,张立宽,雷裕红.2012.油气成藏动力学研究方法与应用[J].地质科学,47(4):1188-1210.

罗晓容,张立宽,付晓飞,等.2016.深层油气成藏动力学研究进展[J].矿物岩石地球化学通报,35(5):876-889.

罗晓容,张立宽,雷裕红.2018.油气运移—定量动力学研究与应用[M].北京:科学出版社.

凝析气藏流体取样配样和分析方法:SY/T 5543—1992[S].北京:中国石油天然气总公司,1992.

牛成民,王昕,叶涛,等.2018.渤中凹陷西南部大型变质岩潜山裂缝特征及预测方法[J].石油钻采工艺,40(增刊):66-69.

庞小军,代黎明,王清斌,等.2017.渤中凹陷西北缘东三段低渗透储层特征及控制因素[J].岩性油气藏,29(5):76-88.

庞雄奇, 金之钧, 左胜杰. 2000. 油气藏动力学成因模式与分类[J]. 地学前缘, 4: 507-514.

曲江秀, 查明, 田辉, 等. 2003. 准噶尔盆地北三台地区不整合与油气成藏[J]. 新疆石油地质, 24(5): 386
  -388.

沈平, 徐永昌, 王先彬, 等. 1991. 气源岩和天然气地球化学特征及成气机理研究. 兰州: 甘肃科学技术出版
  社, 72-122.

沈朴, 张善文, 林会喜, 等. 2010. 油气输导体系研究综述[J]. 油气地质与采收率, 17(4): 4-8.

施和生, 王清斌, 王军等. 2019. 渤中凹陷深层渤中19-6构造大型凝析气田的发现及勘探意义[J]. 中国石
  油勘探, 24(1): 40-49.

宋国奇, 隋风贵, 赵乐强. 2010. 济阳坳陷不整合结构不能作为油气长距离运移的通道[J]. 石油学报, 31
  (5): 744-747.

隋风贵, 宋国奇, 赵乐强, 等. 2010. 济阳坳陷陆相断陷盆地不整合的油气输导方式及性能[J]. 中国石油
  大学学报(自然科学版), 34(4): 44-48.

孙永河, 漆家福, 吕延防, 等. 2008. 渤中坳陷断裂构造特征及其对油气的控制[J]. 石油学报, 29(5): 669-
  675.

孙永河. 2008. 渤中坳陷新生代构造特征及其对油气运聚的控制[D]. 大庆石油学院.

王德英, 王清斌, 刘晓健, 等. 2019. 渤海湾盆地海域片麻岩潜山风化壳型储层特征及发育模式[J]. 岩石
  学报, 35(4): 1181-1193.

王冠民, 熊周海, 张健, 等. 2017. 渤海湾盆地渤中凹陷油藏断裂特征及对成藏的控制作用[J]. 石油与天
  然气地质, 38(1): 62-70.

王清斌, 牛成民, 刘晓健, 等. 2019. 渤中凹陷深层砂砾岩气藏油气充注与储层致密化[J]. 天然气工业, 39
  (3): 1-12.

王应斌, 薛永安, 王广源, 等. 2015. 渤海海域石臼坨凸起浅层油气成藏特征及勘探启示[J]. 中国海上油
  气, 27(2): 8-16.

王永诗, 郝雪峰. 2007. 济阳断陷湖盆输导体系研究与实践[J]. 成都理工大学学报(自然科学版), 34(4):
  394-400.

王震亮, 陈荷立. 1999. 有效运聚通道的提出与确定初探[J]. 石油实验地质, 21(1): 73-77.

王震亮, 朱玉双, 陈荷立, 等. 2000. 准噶尔盆地腹部侏罗系流体物理化学特征及其水动力学意义[J]. 地
  球化学, 29(6): 542-548.

王震亮. 2002. 盆地流体动力学及油气运移研究进展[J]. 石油实验地质, 24(2): 99-103.

王震亮, 孙明亮, 耿鹏, 等. 2003. 准南地区异常地层压力发育特征及形成机理[J]. 石油勘探与开发, 30
  (1): 32-34.

王震亮, 孙明亮, 张立宽, 等. 2004. 川西地区须家河组异常压力演化与天然气成藏模式[J]. 地球科学, 29
  (4): 433-439.

王震亮, 张立宽, 孙明亮, 等. 2004. 鄂尔多斯盆地神木—榆林地区上石盒子组石千峰组天然气成藏机理
  [J]. 石油学报, 25(3): 37-43.

王震亮, 张立宽, 孙明亮, 等. 2005. 天然气运移速率的微观物理模拟及其相似性分析——以库车坳陷为
  例[J]. 石油学报, 26(6): 36-45.

王震亮. 2007. 库车坳陷古流体动力与天然气成藏特征分析[J]. 石油与天然气地质, 28(6): 809-815.

王震亮, 刘林玉, 于轶星, 等. 2007. 松辽盆地南部腰英台地区青山口组油气运移、成藏机理[J]. 地质学
  报, 81(3): 419-426.

王震亮, 陈荷立. 2007. 神木—榆林地区上古生界流体压力分布演化及对天然气成藏的影响[J]. 中国科学
  (D辑: 地球科学), 37(S1): 49-61.

王震亮，魏丽，王香增，等. 2016. 鄂尔多斯盆地延安地区下古生界天然气成藏过程和机理[J]. 石油学报，37(S1)：99-110.

王震亮. 2019. 库车前陆盆地流体压力构成、演化及对油气运移、成藏的影响[C]. 合肥：安徽世纪金源大饭店.

文志刚，周东红，宋换新，等. 2009. 渤中凹陷油气勘探潜力分析—与东营凹陷和沾化凹陷类比[J]. 石油天然气学报，31(6)：55-58.

吴孔友，查明，柳广弟. 2002. 准噶尔盆地二叠系不整合面及其油气运聚特征[J]. 石油勘探与开发，2：53-57.

吴伟涛，高先志，李理，等. 2015. 渤海湾盆地大型潜山油气藏形成的有利因素[J]. 特种油气藏，22(2)：22-26.

吴永平，付立新，杨池银，等. 2002. 黄骅坳陷中生代构造演化对潜山油气藏的影响[J]. 石油学报. 23(2)：16-21.

武芳芳，朱光有，张水昌，等. 2009. 塔里木盆地油气输导体系及对油气成藏的控制作用[J]. 石油学报，30(3)：332-341.

谢玉洪，张功成，沈朴等. 2018. 渤海湾盆地渤中凹陷大气田形成条件与勘探方向[J]. 石油学报，39(11)：1199-1210.

徐长贵，于海波，王军，等. 2019. 渤海海域渤中19-6大型凝析气田形成条件与成藏特征[J]. 石油勘探与开发，46(1)：25-38.

徐长贵，侯明才，王粤川，等. 2019. 渤海海域前古近系深层潜山类型及其成因[J]. 天然气工业，39(1)：21-32.

薛永安，李慧勇. 2018. 渤海海域深层太古宇变质岩潜山大型凝析气田的发现及其地质意义[J]. 中国海上油气，3：1-9.

薛永安，刘廷海，王应斌，等. 2007. 渤海海域天然气成藏主控因素与成藏模式[J]. 石油勘探与开发，34(5)：521-533.

薛永安，韦阿娟，彭靖淞，等. 2016. 渤海湾盆地渤海海域大中型油田成藏模式和规律[J]. 中国海上油气，28(3)：10-19.

薛永安. 2019. 渤海海域深层天然气勘探的突破与启示[J]. 天然气工业，39(1)：11-20.

薛永安. 2018. 渤海海域油气运移"汇聚脊"模式及其对新近系油气成藏的控制[J]. 石油学报，39(9)：963-970.

薛永安. 2018. 认识创新推动渤海海域油气勘探取得新突破—渤海海域近年主要勘探进展回顾[J]. 中国海上油气，30(2)：1-8.

杨德彬，朱光有，等. 2011. 中国含油气盆地输导体系类型及其有效性评价[J]. 西南石油大学学报（自然科学版），33(3)：8-16.

杨海风，徐长贵，牛成民，等. 2018. 渤海湾盆地黄河口凹陷BZ34-9油田新生界"断裂—岩浆"联合控藏作用[J]. 石油与天然气地质，39(5)：216-224.

杨永才，李友川. 2012. 渤海湾盆地渤中凹陷烃源岩地球化学与分布特征[J]. 矿物岩石，32(4)：65-72.

曾溅辉，王洪玉. 2000. 层间非均质砂层石油运移和聚集模拟实验研究[J]. 石油大学学报（自然科学版），24(4)：108-111.

曾治平. 2003. 环渤中地区天然气性质及典型天然气藏成藏模式[D]. 中国地质大学.

张成，解习农，郭秀蓉，等. 2013. 渤中坳陷大型油气系统输导体系及其对油气成藏控制[J]. 地球科学——中国地质大学学报，38(4)：807-818.

张功成，屈红军，赵冲，等. 2017. 全球深水油气勘探40年大发现及未来勘探前景[J]. 天然气地球科学，

28（10）：1447-1477.

张卫海，查明，曲江秀. 2003. 油气输导体系的类型及配置关系[J]. 新疆石油地质，24(2)：118-120.

张照录，王华，杨红. 2000. 含油气盆地的输导体系研究[J]. 石油与天然气地质，1(2)：133-135.

赵健，罗晓容，张宝收，等. 2011. 塔中地区志留系柯坪塔格组砂岩输导层量化表征及有效性评价[J]. 石油学报，32(6)：949-958.

赵文智，何登发. 2001. 中国复合含油气系统的基本特征与勘探技术[J]. 石油学报，22(1)：6-13.

赵文智，王兆云，张水昌，等. 2007. 不同地质环境下原油裂解生气条件[J]. 中国科学：地球科学，37(2)：63-68.

赵文智，朱光有，苏劲，等. 2011. 中国海相油气多期充注与成藏聚集模式研究——以塔里木盆地轮古东地区为例[J]. 岩石学报，28(3)：709-721.

赵忠新，王华，郭齐军，等. 2002. 油气输导体系的类型及其输导性能在时空上的演化分析[J]. 石油试验地质，24(6)：527-536.

真炳钦次. 1981. 压实与流体运移：实用石油地质学[M].陈荷立，等译. 北京：石油工业出版社.

钟锴，朱伟林，薛永安，等. 2019. 渤海海域盆地石油地质条件与大中型油气田分布特征[J]. 石油与天然气地质，40(1)：92-100.

周波，金之钧，罗晓容，等. 2008. 油气二次运移过程中的运移效率探讨[J]. 石油学报，29(4)：522-526.

周晓成，陈超，吕超甲，等. 2017. 首都圈西北部主要活动断裂土壤气中氢气(H_2)地球化学特征[J]. 环境化学，36(5)：977-983.

周心怀，牛成民，滕长宇. 2009. 环渤中地区新构造运动期断裂活动与油气成藏关系[J]. 石油与天然气地质，30(4)：469-482.

周心怀，张如才，李慧勇，等. 2017. 渤海湾盆地渤中凹陷深埋古潜山天然气成藏主控因素探讨[J]. 中国石油大学学报(自然科学版)，41(1)：42-50.

周心怀，张新涛，牛成明，等. 2019. 渤海湾盆地南部走滑构造带发育特征及其控油气作用[J]. 石油与天然气地质，40(2)：215-222.

朱伟林. 2009. 渤海海域油气成藏与勘探[M]. 北京：科学出版社.

朱伟林，米立军. 2010. 中国海域含油气盆地图集[M]. 北京：石油工业出版社.

Allan U S.1989. Model for hydrocarbon migration and entrapment with in faulted structures[J]. AAPG Bulletin, 73 (6)：803-811.

Allen J R L.1978. Studies in fluviatile sedimentation：an exploratory quantitative model for the architecture of avulsion-controlled alluvial suites[J]. Sedimentary Geology, 21(2)：129-147.

Alvar B, Jan T, Haakon F, et al.2009. Fault facies and its application to sandstone reservoirs[J]. AAPG Bulletin, 93 (7)：891-917.

Bekele E, Person M, Marsily G D. 1999. Petroleum migration pathways and charge concentration：A three-dimensional model：Discussion[J]. Aapg Bulletin, 83(6)：1015-1019.

Bethke C M, Reed J D, Oltz D R. 1991. Long-range petroleum migration in the Illinois Basin[J]. AAPG Bulletin, 75(5)：925-945.

Bockrath B C, Illig E G, Wassell-Bridger W D. 1987. Solvent swelling of liquefaction residues[J]. Energy & Fuels, 1(2)：226-227.

Bowen B B, Martini B A, Chan M A, et al. 2007. Reflectance spectroscopic mapping of diagenetic heterogeneities and fluid-flow pathways in the Jurassic Navajo Sandstone[J]. AAPG Bulletin, 91(2)：173-190.

Carroll A R, Bohacs K M. 2001. Lake type controls on petroleum source rock potential in nonmarine basins[J]. AAPG Bulletin, 85(6)：1033-1053.

Carruthers D, Ringrose P.1998. Secondary oil migration: oil-rock contact volumes, flow behaviour and rates[J]. Geological Society, London, Special Publications, 144(1): 205-220.

Chester F M, Logan J M.1986. Implications for mechanical properties of brittle faults from observations of the Punchbowl fault zone, California[J]. Pure and Applied Geophysics, 123(1/2): 79-106.

D H Weltea, T Hantschela, B P Wygralab, et al. 2000. Aspects of petroleum migration modelling[J]. Journal of Geochemical Exploration, 69-70(9): 711-714.

England W A, Mackenzie A S.1989. Some aspects of the organic geochemistry of petroleum fluids[J]. Geologische Rundschau, 78(1): 291-303.

Forster C B, Evans J P. 1991. Hydrogeology of thrust faults and crystalline thrust sheets: Results of combined field and modeling studies [J]. Geophysical Research Letters, 18(5): 979-982.

Gale J F W, Gomez L A. 2007. Late opening-mode fractures inkarst-brecciated dolostones of the Lower Ordovician Ellenburger Group, west Texas: Recognition, characterization, and implications for fluid flow[J]. AAPG Bulletin, 91(7): 1005-1023.

Galeazzi J S.1998. Stratigraphic evolution of the western Malvinas basin. Argentinalt [J]. AAPG Bulle, 82(4): 596-636.

Giardini A A, Melton C E.1983. A scientific explanation for the origin and location of petroleum accumulations[J]. Journal of Petroleum Geology, 6(2): 117-138.

Gussow W C.1954. Differential Entrapment of Oil and Gas: A Fundamental Principle[J]. AAPG Bulletin, 38(5): 816-853.

Hao F, Zou H, Gong Z, et al. 2007. Petroleum migration and accumulation in the Bozhong sub-basin, Bohai Bay basin, China: Significance of preferential petroleum migration pathways (PPMP) for the formation of large oilfields in lacustrine fault basins[J]. Marine and Petroleum Geology, 24(1): 0-13.

Hao F, Zhou X, Zhu Y, et al. 2009. Mechanisms of petroleum accumulation in the Bozhong sub-basin, Bohai Bay Basin, China. Part 1: Origin and occurrence of crude oils[J]. Marine and Petroleum Geology, 26(8): 1528-1542.

Hao F, Zhou X, Zhu Y, et al. 2010. Charging of oil fields surrounding the Shaleitian uplift from multiple source rock intervals and generative kitchens, Bohai Bay basin, China[J]. Marine & Petroleum Geology, 27(9): 1910-1926.

Hegarty K A, Foland S S, Cook A C, et al. 2007. Direct measurement of timing: Underpinning a reliable petroleum system model for the Mid-Continent rift system[J]. AAPG Bulletin, 91(7): 959-979.

Hindle A D.1997. Petroleum migration pathways and charge concentration: a three dimensional model[J]. AAPG Bulletin, 81 (9): 1451-1481.

Hsiao L Y, Graham S A, Tilander N. 2004. Seismic reflection imaging of a major strike-slip fault zone in a rift system: Paleogene structure and evolution of the Tan-Lu fault system, Liaodong Bay, Bohai, offshore China [J]. Aapg Bulletin, 88(1): 71-97.

Hsiao L Y, Graham S A, Tilander N. 2010. Stratigraphy and sedimentation in a rift basin modified by synchronous strike-slip deformation: southern Xialiao basin, Bohai, offshore China[J]. Basin Research, 22(1): 61-78.

Huang L, Liu C Y, Zhou X H, et al. 2012. The important turning points during evolution of Cenozoic basin offshore the Bohai Sea: Evidence and regional dynamics analysis[J]. Science China: Earth Sciences, 55(3): 476-487.

Hunt J M.1979. Petroleum Geochemistry and Geology[M]. San Francisco: W H Freeman and Company.

Lei Y, Luo X, Song G, et al. 2014. Quantitative characterization of connectivity and conductivity of sandstone carriers during secondary petroleum migration, applied to the Third Member of Eocene Shahejie Formation, Dongying Depression, Eastern China[J]. Marine and Petroleum Geology, 51(Complete): 268-285.

Magoon L B, & Dow W G.1994. The Petroleum System. The Petroleum System-From Source to Trap, (2): 3-24.

Menno J, De R, Stephen M, et al. 2006. Seismic facies and reservoir characteristics of a deep-marine channel belt in the Molasse foreland basin, Puchkirchen Formation, Austria[J]. AAPG Bulletin, 90(5): 735-752.

Nijkamp M G, Raaymakers J E M J, van Dillen A J, et al. 2001. Hydrogen storage using physisorption-materials demands[J]. Applied Physics A Materials Science & Processing, 72(5): 619-623.

Osborne M J, Swarbrick R E.1997. Mechanisms for generating over-pressure in sedimentary basins: a revaluation [J]. AAPG Bulletin, 81(6): 1023-1041.

Qi J, Yang Q. 2010. Cenozoic structural deformation and dynamic processes of the Bohai Bay basin province, China[J]. Marine and Petroleum Geology, 27(4): 0-771.

Sun Q, Wu S, Fuliang Lu, et al. 2010. Polygonal faults and their implications for hydrocarbon reservoirs in the southern Qiongdongnan Basin, South China Sea[J]. Journal of Asian Earth Sciences, 39(5): 0-479.

Tissot B P. 1969. Permiers donnees sur les mecanismes et la cinetique de la formation du petrole dans les sediments: simulation dun schema reactionnel sur ordinateur[J]. Revue de Institut Francais du Petrole, 24: 470-501.

Tissot B P, Pelet R, Ungerer P. 1987. Thermal history of sedimentary basins, maturation indices, and kinetics of oil and gas generation[J]. AAPG Bulletin, 71(12): 1445-1466.

Tissot B P, Welte D H.1978. Petroleum Formation and Occurrence[M]. Berlin, Heidelberg: Spring-Verlag.

Wescott W A, Hood W C.1994. Hydrocarbon generation and migration routes in the East Texas Basin [J]. AAPG Bulletin, 78(2): 287-307.

Wilkins S J, Naruk S J. 2007. Quantitative analysis of slip-induced dilation with application to fault seal. AAPG Bulletin, 91(1): 97-113.

Xu S, Hao F, Xu C, et al. 2014. Tracing migration pathways by integrated geological, geophysical, and geochemical data: A case study from the JX1-1 oil field, Bohai Bay Basin, China[J]. AAPG Bulletin, 98 (10): 2109-2129.

Zgonnik V.2020. The occurrence and geoscience of natural hydrogen: A comprehensive review[J]. Earth-Science Reviews, 203: 103-140.

Zhang L K, Luo X R, GVasseur G, et al. 2011. Evaluation of geological factors in characterizing fault connectivity during hydrocarbon migration Application to the Bohai Bay Basin[J]. Marine and Petroleum Geology, 28(9): 1634-1647.

Zhang T, Ellis G S, Ruppel S C, Milliken K, Yang R. 2012. Effect of organic-matter type and thermal maturity on methane adsorption in shale-gas systems[J]. Organic Geochemistry, 47: 120-131.

Zhao L, Zheng T Y.2005. Seismic structure of the Bohai Bay Basin, northern China: Implications for basin evolution[J]. Earth and Planetary Science Letters, 23(1): 9-22.

Zuo Y H, Qiu Y N, Li C C, et al. 2011. Geothermal regime and hydrocarbon kitchen evolution of the offshore Bohai Bay Basin, North China[J]. AAPG Bulletin, 95(5): 749-769.